Environment
Knowledge

———

더 알고 싶은 환경지식

(사)한국환경정책학회
변병설 외 36인

박영사

머리말

이 책은 한국환경정책학회 창립 30주년을 맞이하여 학회의 여러 전문가들이 집필한 것입니다. 지난 30년간 학회는 환경문제 해결을 위한 지식 공유와 정책 제언의 장으로서 기능을 해 왔으며, 다양한 환경 현안에 대한 학문적 통찰과 실천적 해법을 제시해 왔습니다. 이러한 역사와 성과를 기념하며, 학회는 환경정책의 흐름과 미래를 보다 넓고 깊게 조망할 수 있는 책, 『더 알고 싶은 환경지식』을 발간하게 되었습니다.

환경은 더 이상 일부 전문가들만의 관심사가 아닌, 우리 모두의 생존과 직결된 삶의 핵심 의제가 되었으며, 그만큼 환경문제를 바라보는 시각과 해법도 더욱 정교하고 다층적인 접근이 요구되고 있습니다. 이러한 시대적 요구와 학회의 사명을 되새기며, 학회의 전문가들이 그간 축적해 온 지식과 경험을 정리하고, 향후 환경정책의 방향을 모색하기 위한 것입니다. 다양한 분야에서 활동 중인 학회 전문가들이 힘을 모아 집필한 이 책은, 환경정책에 대한 보다 심도 있는 지식을 원하는 독자들에게 하나의 지식 지도이자 통찰의 창이 되기를 바랍니다.

이 책은 환경 분야의 핵심 이슈를 중심으로 구성되었으며, 국내외 환경정책의 흐름을 체계적으로 정리하고자 노력했습니다. 총 8부로 구성되어 있습니다. 제1부는 지속가능성의 개념과 역사, 그리고 이를 실현하기 위한 정책적 접근과 전략을 다룹니다. 인류가 직면한 환경적·사회적·경제적 도전 속에서 균형 잡힌 발전의 길을 모색합니다. 제2부는 기업과 정부, 시민사회가 함께 실현해야 할 지속가능성의 지표로서의 ESG와 탄소중립의 개념을 다루고, 관련 정책 동향 및 실천 과제를 다루고 있습니다. 제3부에서는 점점 가속화되는 기후변화의 현실을 진단하고, 이를 완화하고 적응하기 위한 국내외 대응 전략과 사례를 조망합니다. 기후위기는 미래의 문제가 아닌 현재의 위기임을 다시금 인식하게 합니다. 제4부는 국제사회의 환경 거버넌스, 다자간 협력체계를 통해 환경문제를 해결하려는 글로벌 노력의 흐름을 살펴봅니다. 제5부는 직면한 환경문제와 이를 해결하기 위한 국제 협력 모델을 다룹니다. 제6부에서는 자연이 주는 다양한 혜택인 생태계 서비스를 설명합니다. 제7부는 생활 속에서 실천할 수 있는 환경관리 방안을, 제8부는 인공지능(AI)을 활용한 환경관리의 새로운 가능성을 살펴봅니다.

이 책은 환경정책에 관심 있는 일반 독자부터 정책 입안자, 연구자에 이르기까지 다양한 독자층을 위한 환경지식의 안내서가 되고자 합니다. 복잡하고 빠르게 변화하는 환경 문제를 이해하고, 보다 지속가능한 미래로 나아가는 데 도움이 되었으면 좋겠습니다. 책을 출간해 준 박영사에 감사를 드립니다. 이 책이 환경 문제에 관심을 갖고 있는 모든 이들에게 유용한 길잡이가 되기를 진심으로 기대합니다. 그리고 지난 30년 동안 학회와 함께 걸어온 모든 회원 여러분께 깊은 감사의 마음을 전합니다.

차례

PART 3 기후위기와 지속가능한 도시

PART 4 글로벌 환경정책과 경제적 접근

PART 8 기술과 지속가능성: 미래를 위한 혁신

PART 1

지속가능발전과 ESG: 기초 이해

새로운 패러다임으로서의 지속가능발전

정영근_선문대학교 교수

지속가능발전(Sustainable Development)은 환경, 사회, 경제부문의 여러 요소들과 다양하게 연결되어 있으며, 지속가능발전을 추구하는 데 있어서 현세대뿐 아니라 미래세대의 여러 영향을 포괄하여 수용하는 개념이다.

지속가능발전이 새로운 패러다임으로 등장하면서 국제사회가 관심을 갖고 이에 대한 논의를 시작한 배경으로 1972년 로마클럽(Club of Rome)의 '성장의 한계(The Limits to Growth)'라는 연구보고서가 있다. 1970년 세계 각국의 과학자, 경제학자, 교육자, 경영자들을 구성원으로 설립된 민간연구단체인 로마클럽은 심각한 문제로 급속히 대두되고 있는 천연자원의 고갈, 환경오염, 개발도상국에서의 폭발적인 인구증가, 핵무기 개발에 따른 인간사회의 파괴 등 인류의 위기에 대한 해결책을 모색하기 위해서 설립되었다.

같은 해 7월 미국 MIT의 시스템 다이내믹스 연구그룹에 프로젝트 수행을 의뢰하여 인류사회가 직면하게 될 위기요인과 그 상호작용을 전반적으로 파악할 수 있는 분석모형을 설정하고 미래 위기적 양상에 대한 전망과 이 위기를 피하기 위한 방안을 모색하였다. MIT 연구진은 컴퓨터를 이용한 시뮬레이션을 통해 현실 세계를 설명할 수 있는 분석 틀을 만들고, 과거의 경험을 계량화한 자료를 입력하여 미래 현상을 합리적이고 과학적이며 객관적으로 예측하고자 20세기 자원이용과 고갈상태, 인구증가, 환경오염, 소득, 개인별 식량소비 등의 변수들을 지구 차원에서 함수화하였다. 1900년부터 1970년까지의 통계자료를 이용하여 계수를 도출하고 이 비율로 계속 증가한다는 가정하에서 2100년까지의 추세를 예측하는 분석을 통하여 인구성장이 급격히 증가하는 데 반하여 부존자원은 기하급수적으로 감소하고 있어 멀지 않은 장래에 가용 부존자원의 양이 인구성장을 지탱해줄 수 없는 상황이 도래할 것이라는 다소 비관적인 예측결과를 제시하였다.

이러한 결과는 당시 고도성장을 구가하던 세계경제에 정면으로 배치되는 것으로서 다양한 비판을 받았다. 즉 연구를 발주한 로마클럽이 서구 산업자본가와 다국적 기업의 이해관계를 대변하는 이익집단에 불과하며 지구 차원의 위기를 강조함으로써 개별국가에 취해질 다양한 사업제약 요인들을 회피하고자 한다는 주장도 있었으나, 그 대부분은 연구과정에서 부정확한 가정과 불완전한 자료가 입력되어 분석결과에 대한 신뢰성이 의심된다는 점이었다. 그러나 로마클럽의 보고서는 환경보호와 세계경제의 지속적인 발전 가능성과 관련하여 국제사회에 큰 반향을 불러일으켰다.

지속가능발전에 대한 논의는 1980년대에 들어오면서 경제발전과 환경보전을 둘러싼 선진국과 개발도상국 간의 갈등을 화해시키는 노력으로 확대되어 나타났다. 환경문제에 대한 국지적·개별적 대응이 지니는 한계는 국제기구가 환경논의의 전면에 나서는 계기를 형성하여 환경이라는 현안을 둘러싼 각국의 상이한 이해관계가 수면 위로 등장하기 시작하였다.

갈등은 이미 산업화를 끝낸 선진국들이 경제발전보다는 환경보전의 중요성을 중시한 반면, 절대빈곤으로부터 벗어나기 위하여 보전보다는 개발을 통한 성장전략을 추구하던 개발도상국 간의 입장 차이에서 비롯된 것이었다. 특히 선진국과 개발도상국의 첨예한 입장 차이는 환경에 관한 국제적 합의를 도출하는 데 있어 결정적인 장애요인이 되어 왔다. 선진국이 미래의 환경보전을 주장하는 데 반하여 개발도상국은 과거에 선진국이 발생시킨 환경오염 책임을 강조하였다. 또한 개발도상국은 선진국의 높은 환경기준 설정으로 인해 자신들에게 불리한 무역조건이 생겨날 수 있다는 것과 한정된 국제원조자금이 개도국의 경제성장보다는 환경프로젝트를 위한 재원으로 사용될 수 있다는 것을 경계하였고, 선진국들이 내세우는 환경적 조건들을 일종의 무역장벽 내지는 녹색제국주의로 인식하였다.

이러한 문제를 해결하기 위한 최초의 시도가 유엔인간환경회의의 10주년을 기념하여 열린 1982년의 유엔환경계획(UNEP)회의이다. 다음해인 1983년 유엔총회의 의결을 거쳐 '환경과 개발에 관한 세계위원회 (World Commission on Environment and Development: WCED)'가 구성되었다. 1987년 위원회에서 발간한 '우리공동의 미래(Our Common Future)'라는 보고서에서는 인류사회의 지속적인 발전을 위한 기초개념으로 '지속가능발전'을 제시하였다. 보고서에서는 개발도상국이 세계무역구조의 불균형으로 인하여 경제성장이 저하되기 때문에 환경적으로 건전한 정책을 채택할 수 없다고 강조하고 선진국은 개발도상국에게 자본과 기술을 이전할 것을 주장하는 한편 환경용량 내에서의 개발을 골자로 하는 환경적으로 건전하고 지속가능한 발전(Environmentally Sound and Sustainable Development: ESSD)개념을 제시하였다.

1970년대 로마클럽의 '성장의 한계'는 환경파괴로 인해 초래될 암울한 미래를 그리고 있었고, 당시의 미래에 대한 전망이 '한계'에 초점을 맞추고 있다면, 이후 1980년대부터 본격적으로 등장한 지속가능발전 개념은 '지속가능'에 초점을 맞추고 있다. 즉 지속가능발전 개념은 인류의 미래에 대한 전망을 '한계'로부터 '지속가능'으로 이전시키고 있다는 점에서 의미를 찾을 수 있다. 성장의 한계 명제는 인류의 한계를 지적한다는 점에서 맬더스주의와 유사한 궤적을 밟고 있으나, 1987년 '우리 공동의 미래(Our Common Future)'에서 제시된 지속가능발전은 어떻게 보면 이러한 입장에 대한 부정 내지는 수정의 의미를 지니고 있다. 지속가능발전을 주장하는 이면에는 "식량은 산술급수적으로 증가하고 인구는 기하급수적으로 증가한다"는 맬더스의 주장이 기술발전을 통한 문제해결 측면을 간과함으로써 오늘날 더 이상 설득력을 지니지 못하는 것처럼, 성장의 한계라는 명제 역시 인간의 개선의지, 창조적 능력 등을 간과하고 있다는 인식이 깔려 있다. 즉 지속가능발전 개념은 인간은 한계를 넘어 자연의 수용능력이 지탱할 수 있는 범위 내에서 발전을 지속할 수 있다는 입장을 지니고 있는 것이다.

1992년 유엔환경개발회의(United Nations Conference on Environment and Development: UNCED 일명 Earth Summit 지구정상회의, 리우회의)를 개최하기로 결의함에 따라, 브라질 리우데자네이루에서 100여 개국 이상의 대표들이 참석한 가운데 열린 유엔환경개발회의에서는 1972년 스톡홀름회의 이래 20년간 끌어온 지구환경문제에 대한 종합적 규범체제를 마련하였다. 리우회의에서는 선진국과 개발도상국의 '공동의, 그러나 차별화된 책임'을 기본원칙 중 하나로 설정함으로써, 지속가능발전을 위한 선진국과 개발도상국의 공동노력이 추진력을 얻게 되었다. 동 회의는 환경보호와 사회경제 발전의 시급한 문제들을 논의하였으며, 21세기 지속가능발전을 위한 '의제 21(Agenda 21)'을 채택함으로써 환경과 조화된 지속가능발전을 국제사회가 추구해야 할 구체적 정책이념으로 확립하였다. 동 회의에서 논의된 작업계획들을 효과적으로 추진하기 위해 1992년 12월 유엔 지속가능발전위원회(UNCSD)가 설치되었으며, 동 위원회는 지역적, 국가적, 국제적 수준에서 리우회의 결과 실행여부를 감시하고 보고할 수 있는 권한을 부여받아, 지속가능발전을 위한 국제사회의 노력을 집약하였다.

이제 대부분의 국가에서는 지속가능발전을 위한 제도적, 정책적 조치들을 추구하고 있으며, 이는 점차 단순한 환경보전의 차원을 넘어 각 국가들이 지향하는 궁극적 이념으로까지 인식되고 있다. 기술혁신과 국제적 이전이 지속가능발전 실현의 주요 관건이 된다는 인식이 확산되면서 이에 대한 국제사회의 노력도 심화되었다. 여기에는 1992년 '리우선언'과 '의제 21'이 기여한 바가 크다. 여기서는 광범위한 환경과 개발에 관한 문제를 인구와 빈곤에 관한 사회경제적인 문제, 즉 해양, 대기, 육지, 생물다양성 등의 세부 환경부문 및 그 보존에 관한 국제조직과 법체제의 확립, 그리고 재정자원, 기술이전을 포함하는 구체적 이행방안으로 잘 정리하고 있어 지속가능발전에 관한 종합적 이해를 돕는 좋은 자료를 제공하였다.

지속가능발전의 개념은 인간이 모든 문제해결의 중심이며, 미래세대를 배려하는 개념에 기초하고 있다. 현세대의 자원과 환경의 개발이 과도하게 이루어져 미래세대의 후생을 위협하지 않도록 진행되는 개발을 의미하며, 정치, 경제, 사회 등 전 분야 정책수립 시 가장 우선적으로 고려해야 할 기초개념이 되었다. 즉 환경보전이라는 요소 자체가 경제발전의 일부로 반드시 고려되어야 하며 모든 경제정책 및 환경정책 결정과정에서 환경요소가 포함되어야 한다는 것을 의미한다. 따라서 우리나라 경제발전 초기단계에서 사용되었던 발전의 개념은 더 이상 우리 현실에 맞지 않는 경제발전 개념이라고 할 수 있다.

1992년 브라질 리우데자네이루에서 개최된 유엔환경개발회의(UNCED)를 계기로 지속가능발전에 대한 관심이 전 세계적으로 확산되면서 우리나라 환경정책의 국제화가 시작되었다. 대외적인 변화는 환경정책에서도 새로운 수요를 창출하여 선진국 수준에 따라가는 통합 환경정책과 국제규범에 맞는 환경정책이 가속화되어 우리나라 환경정책이 매체별 관리를 중심으로 하는 '협의의 환경정책'에서 행정, 경제, 국토관리, 과학기술 등과의 통합적 정책을 지향하는 '광의의 환경정책'으로 변신하는 계기가 되었다. 그러나 이러한 국제화는 환경, 경제, 사회 모든 분야의 개방과 함께 규제 완화를 가져오면서 'IMF 경제위기'라는 지금까지 겪어보지 못한 대환란을 초래하게 되었고 결국 경제는 회복되었으나 지속가능발전의 또 다른 축인 사회 및 환경분야는 많이 후퇴하는 결과를 가져왔다. 또한 사회안전망 차원에서 안전분야, 금융분야, 환경분야는 규제가 쉽게 폐지되어서는 안 되는 분야라는 사실을 다시 한 번 확인시켜 주는 계기가 되었다.

UN 등 국제적 관점에서 지속가능발전이라는 큰 기조에 변함이 없었으나 국내의 경우에는 지속가능발전의 3개축인 환경, 경제, 사회 분야 중 어느 쪽이 더 강조되느냐에 따라 많은 부침이 있었던 것도 사실이다. 1992년대 리우회의 이후, 지속가능발전이 환경분야뿐 아니라 국가 전체의 국정철학으로 자리 잡았으나 OECD 가입 등 국가 선진화를 위하여 환경규제를 포함한 많은 규제들이 축소지향적으로 추진되는 과정에서 IMF 경제위기를 처음으로 경험하게 되었고 이 과정에서 지속가능발전 대신 경제발전 우선정책이 정책기조를 이루기도 하였으나 여전히 환경 정책에서는 지속가능발전의 환경보전, 사회발전, 경제성장 3개축이 모 두 반영되기를 기대해 본다.

GDP의 한계를 넘어, 지속 가능성을 반영하는 GPI

김경아_협성대학교 초빙교수

GDP와 삶의 질 상관관계

GDP(국내총생산, Gross Domestic Product)는 한 국가의 경제 규모를 나타내는 대표적인 지표로 널리 사용되고 있다. 그러나 GDP의 상승이 반드시 국민의 삶의 질 향상으로 이어지지 않는다는 지적이 꾸준히 제기되고 있다. 한국은 경제적 성과에 비해 삶의 만족도와 행복 지수가 낮은 편이다. 2022년 기준 경제협력개발기구(OECD)의 '더 나은 삶의 지수(Better Life Index, BLI)'는 OECD 41개국 중 32위, 세계행복보고서(WHR)의 한국의 행복지수는 OECD 38개국 중 36위로 최하위를 차지하였다.

GDP가 담아내지 못하는 지속가능한 발전의 가치의 예

경제 성장이 늘어나면서 오히려 국민의 삶의 질에 부정적인 영향을 미치는 경우가 많다. 첫째, 환경오염 문제는 대표적인 사례이다. 산업 활동이 늘어 GDP가 상승해도, 이로 인한 대기 오염과 수질 오염이 국민 건강에 미치는 영향은 GDP에 반영되지 않는다. 더불어 환경오염 문제로 인하여 삶의 질이 저하될 수 있다. 2023년 경제협력개발기구 (OECD)의 '한눈에 보는 보건의료 2023' 보고서에 따르면, 한국은 인구 10만 명당 대기오염으로 인한 사망자가 42.7명으로, OECD 평균인 28.9명보다 1.5배 높다. 이는 대기오염이 국민 건강에 미치는 부정적 영향을 보여준다. 둘째, 소득 불평등이 심화되면 GDP가 높아져도 대부분의 국민이 그 혜택을 느끼지 못하는 상황이 발생할 수 있다. 특히, 한국의 경우 OECD 37개국 중 30년간 지니계수[1]는 0.080 올라 OECD 평균 (0.046)보다 악화 속도가 2배 빨랐다. 이는 소득 격차로 인한 상대적 박탈감을 심화시키고, 삶의 만족도와 정신적 건강에도 부정적인 영향을 미치는 요인이 된다. 셋째, 과도한 노동 시간은 경제적 성과를 높이지만, 국민의 여가와 휴식을 줄여 삶의 만족도를 떨어뜨린다. 특히 한국의 경우 다른 나라보다 장시간 노동을 하기 때문에 삶의 질에 미치는 부정적인 영향이 크다. 2023년 기준 OECD 자료에 의하면 한국의 1인당 연간 노동시간은 1,901시간으로 OECD 회원국 평균은 1,752시간보다 연간 149시간 더 많다.

GDP에 대한 비판적 시각

일부 경제학자들은 오랫동안 GDP가 경제의 "성장"만을 보여줄 뿐, 국민의 삶의 질이나 복지를 충분히 반영하지 못한다는 문제를 제기해 왔다. GDP 개념을 만든 사이먼 쿠즈네츠(Simon Kuznets)조차도, "GDP

---

1) 지니계수란 소득 불평등 정도를 나타내는 소득분배지표다. 0에서 1 사이 수치로 표시되는데, 평등할수록 0에 가깝고 불평등할수록 1에 가까워진다.

는 단지 양적 성장만을 나타낼 뿐 질적 성장은 담지 못한다"고 경고하며 GDP의 한계를 지적했다. 이와 같은 GDP의 한계를 로버트 F. 케네디(Robert F. Kennedy)는 1968년 3월 18일 캔자스 대학교에서 연설을 통해 GDP의 한계를 지적했다. 로버트 케네디는 "GDP는 모든 것을 계산하지만, 삶의 질, 가족의 행복, 지역사회의 안정과 같은 중요한 가치는 반영하지 못한다"고 언급하며, GDP가 사회적, 정신적 가치를 배제하는 점을 비판했다. 2008년, 프랑스의 니콜라 사르코지 대통령은 GDP가 국민의 삶의 질을 충분히 반영하지 못한다는 인식에서 경제성과 및 사회진보 측정위원회(Commission on the Measurement of Economic Performance and Social Progress)[2]를 설립하였다. 이 위원회는 GDP 외에 환경적 · 사회적 가치를 반영할 수 있는 새로운 지표들을 연구하고, GDP가 경제의 모든 가치를 포함하지 못한다는 점을 지적한 보고서를 2009년에 발표했다. 이 보고서는 GDP의 한계를 비판하며, 복지와 지속 가능성을 포괄하는 대안적 지표의 필요성을 강조하였다.

GDP의 한계를 보완하는 새로운 지표: 참발전지수(GPI)

GDP의 한계가 지적되면서, 환경적 · 사회적 가치를 포함한 대안 지표에 대한 필요성이 강조되었고, 다양한 지표들이 개발되었다.[3] 이 중

---

2) 이 위원회에는 스티글리츠(Joseph Stiglitz), 조지프 스티글리츠(Joseph Stiglitz), 아마르티아 센(Amartya Sen), 장 폴 피투시(Jean – Paul Fitoussi) 등의 경제학자들이 참여하였다.

3) 대표적인 예로는 경제 복지 지표(MEW, Measure of Economic Welfare), 지속 가능한 경제 복지 지표(ISEW, Index of Sustainable Economic Welfare), 인간개발 지수(HDI, Human Development Index) 등이 있다. MEW는 William Nordhaus와 James Tobin이 1972년에 개발한 지표이다. MEW는 GDP에 가사

참발전지수(Genuine Progress Indicator, 이하 GPI)는 지속 가능한 경제 복지 지표(Index of Sustainable Economic Welfare, ISEW)를 기반으로 발전한 지표이다.[4]

GPI는 ISEW 개념을 확장하여 환경과 사회적 요소를 폭넓게 고려한 지표이다. 참발전지수(GPI)는 1995년 Cobb 등 학자가 미국 샌프란시스코의 연구기관인 Redefining Progress에서 제안한 지표이다. GPI는 GDP와 달리, 환경오염, 소득 불평등, 범죄비용, 가사노동, 여가시간 등 다양한 환경적·사회적 비용과 편익을 종합적으로 반영하여 경제 성장의 질적 측면과 국민의 삶의 질을 평가하는 데 중점을 두는 지표이다. GPI는 삶의 질과 지속 가능한 발전 측면에서 GDP와 비교가 가능하도록 모든 요소를 화폐가치화 한 지표이다. 따라서 GDP와 비교가 용이하고, GDP를 보완하는 지표로서 경제성장 외에 환경적, 사회적 요인을 모두 고려한 지속가능발전 수준을 파악하기 용이하다는 장점이 있다.

2007년 Talbert et al.(2007)에 의해 정형화된 GPI 1.0은 26개의 지표로 구성된다.

GPI 2.0은 기존 GPI 1.0의 한계를 보완하기 위해 다양한 경제적, 환경적, 사회적 지표를 추가하여 지속 가능성 외에도 경제적·사회적 요

노동, 여가 시간 등을 포함하여 경제 복지를 측정한다. ISEW는 John Cobb과 Herman Daly가 1989년에 개발한 지표로, GDP에 환경오염, 자원 고갈 등의 환경적 요소를 반영하여 경제 활동의 지속 가능성을 평가한다. HDI는 유엔 개발계획(UNDP)이 Mahbub ul Haq와 Amartya Sen의 주도로 1990년에 개발한 지표이다. HDI는 교육 수준, 건강 상태, 소득 수준을 종합하여 인간의 삶의 질을 평가한다.

4) ISEW가 경제 활동의 환경적 비용과 소득 불평등을 고려하여 화폐가치화하여 경제 활동이 사회와 환경에 미치는 영향을 평가하였다. GPI는 ISEW에 기반해 가사 노동, 자원봉사, 범죄비용 등 다양한 사회적 복지 요소를 추가하여, 국민의 실질적인 삶의 질과 지속 가능한 발전을 종합적으로 평가하는 지표로 발전하였다.

그림 1 GPI 1.0 지표

경제적 지표(8개)	환경적 지표(9개)	사회적 지표(9개)
개인소비지출, 소득불평등, 개인소비의 가중치, 내구성 소비재 서비스 내구성 소비재 비용, 불완전 고용 비용, 순자본 투자, 대외 순자산	수질오염 비용, 대기오염 비용, 소음공해 비용, 습지 손실 비용, 농지 손실 비용, 산림 손실 비용 이산화탄소 배출 피해, 오존 파괴 비용 비재생에너지 손실 비용	가사노동의 가치, 범죄 비용, 가계오염 제거 비용, 자원봉사의 가치, 여가시간 손실 비용, 고등교육의 가치, 고속도로와 도로 서비스, 통근 비용, 교통사고 비용

인을 더 폭넓게 고려하도록 개선되었다. 그러나 GPI 2.0에 포함된 모든 지표를 실제로 반영하여 GPI를 산정하는 사례는 많지 않다. 이는 각 지표의 데이터를 구하는 것이 쉽지 않기 때문이다. 특히, GPI 2.0의 세부적인 지표는 지역 간 데이터의 일관성이나 장기적 데이터 축적이 필요한 경우가 많아, 이를 수집하고 산정하기에 현실적 어려움이 따른다. 따라서 많은 연구에서는 GPI 2.0의 모든 지표를 반영하지 않고, 주요 지표만을 선택적으로 사용하거나 데이터 가용성에 따라 산정을 조정하는 경우가 많다.

GPI는 개인소비지출을 기본 값으로 하여, 소득분배지수를 활용하여

그림 2 GPI 2.0 지표

경제적 지표(16개)	환경적 지표(19개)	사회적 지표(16개)
개인소비지출, 소득불평등, 내구성 소비재 비용, 가계 수리 및 유지 비용, 주택 개선 비용, 저축/투자/은퇴 준비금, 자선 기부, 연방 비(非)국방비, 주 및 지방 정부 지출, 비영리 단체 비용, 제조업 일자리의 가치, 친환경 일자리의 가치, 교통 인프라 가치, 수자원 인프라 가치, 노숙자 발생 비용, 불완전 고용 비용	음식 및 에너지 낭비 비용, 해양/호수/하구/강의 가치, 사막/모래언덕/해변의 가치, 낙엽수림의 가치, 상록수림의 가치, 혼합 숲의 가치, 관목과 덤불지대의 가치, 초원/툰드라/초본 식생의 가치, 목본류 습지 서식지의 가치, 토지 전환 비용, 비재생 에너지 손실비용, 지하수 고갈 비용, 토양 침식으로 인한 생산성 손실 비용 대기오염 비용, 이산화탄소 배출 피해, 소음오염 비용, 수질오염 비용, 고형폐기물 비용	의료비용, 법률 서비스 비용, 가계오염 제거 비용, 보험 비용, 복지 중립 소비재, 가계 보안 비용, 가족 변화 비용, 고등 및 직업 교육비용, 고등 교육의 가치, 여가시간의 가치, 무급노동의 가치, 인터넷 서비스 가치, 가사노동의 가치, 범죄 비용, 통근 비용, 교통사고 비용

소득불평등을 반영한 개인소비지출 조정한다. 소득 불평등이 높아지면 개인소비지출값이 낮아진다. 개인소비지출값에서 내구성 소비재 비용, 불완전 고용 비용 등을 차감하고, 경제성장으로 인한 일자리, 인프라 등 편익은 가산한다. 그리고 자원 고갈, 대기오염, 수질오염 등 환경적 비용을 개인소비지출에서 차감하며, 생태계서비스 개인소비지출에 가산한다. 그리고 가사노동, 자원봉사 등 사회적 가치는 개인소비지출에서 가산하고, 범죄비용, 교통사고 비용 등은 개인소비지출에서 차감한다.

GPI는 GDP와 비교하기 용이하며, 경제, 환경, 사회적 요인을 종합적으로 고려하여 지속 가능한 발전 수준을 평가하는 데 활용할 수 있는 지표이다. GDP가 지속적으로 성장하는 상황에서 GPI의 변화 패턴은 크게 세 가지로 나눌 수 있다.

첫 번째 패턴[A]은 임계효과(Threshold Effect)가 나타나는 패턴으로, 일정 시점을 넘어서면 GDP가 계속 상승하는 상황에서도 GPI가 감소하는 경우이다. 이는 경제 성장의 혜택이 사회적·환경적 부문에 균형 있게 반영되지 않고, 오히려 환경오염, 자원 고갈, 사회적 불평등 등을 초래하여 삶의 질이 저하될 수 있음을 시사한다. 즉, 경제 규모가 일정 한계를 넘어서면 추가적인 성장이 오히려 부정적인 영향을 미칠 수 있다.

두 번째 패턴[B]은 GDP는 상승하지만 GPI는 일정 수준에서 정체하는 패턴이다. 이는 경제 성장이 이루어지더라도 사회적·환경적 혜택이 한계에 도달하여 더 이상 삶의 질이 개선되지 않는 경우를 의미한다. 특히, 자연 자원의 소비가 한계를 넘거나 환경 피해 비용이 증가하는 경우뿐만 아니라, 경제 성장이 특정 계층에 집중되면서 소득 불평등이 심화될 때도 GPI의 상승이 멈출 수 있다. 즉, 경제적 불평등이 확대되면서 대다수 국민의 삶의 질이 개선되지 않는 구조적 문제가 작용하기 때문이다.

첫 번째 패턴[A]와 두 번째 패턴[B]은 경제 성장의 혜택이 일부 영역에 집중되거나, 부정적 외부효과가 복지에 반영되지 못하면서 지속 가능한 발전이 이루어지지 않는 상태를 의미한다. 따라서 이러한 패턴에서는 지속 가능한 발전을 위해 경제 성장 방식 자체를 조정해야 하며, 환경적·사회적 비용을 최소화하는 정책적 개입이 필요하다. 이를 위해 GDP 중심의 전통적인 경제 성장 방식을 유지하기보다는, 자원의 효율적 사용과 친환경적인 기술 발전을 통해 지속 가능성을 강화해야 한다. 또한, 소득 분배 구조의 개선, 노동과 삶의 균형 유지, 범죄 예방·실업 감소·교육 기회 확대 등을 포함한 사회적 보호 시스템을 구축하여 경제적 가치 창출 방식을 전환하는 것이 필요하다.

반면, 세 번째 패턴[C]은 GDP와 GPI가 함께 상승하는 경우로, 경제 성장과 동시에 사회적·환경적 복지 수준도 향상되는 지속 가능한 발전 모델을 의미한다. 이는 경제 성장이 단순한 물질적 생산 증가를 넘어, 삶의 질 개선과 환경 보전, 사회적 형평성을 동시에 실현할 때 가능하다. 이 패턴은 경제, 사회, 환경이 균형을 이루며 조화롭게 발전하는 이상적인 형태이며, 경제 성장이 단기적인 이익 창출에 그치지 않고 장기적인 지속 가능성으로 이어진다는 점을 시사한다.

GDP와 비교하여 GPI의 변화 패턴을 분석하면, 정책 입안자들은 단순한 경제 성장 목표를 넘어 환경적·사회적 요소를 포괄하는 균형 잡힌 발전 전략을 수립할 수 있다. 이를 통해 경제 성장의 질적 개선을 도모하고, 지속 가능한 발전을 위한 정책 방향을 구체적으로 설정할 수 있다.

GPI는 해외 일부 지역에서 정책 결정 시 활용되고 있다. 예를 들어 미국의 메릴랜드 주, 하와이 주 등에서는 GPI를 활용하여 정책의 성과

그림 3 GDP 성장에 따른 GPI 변화 유형

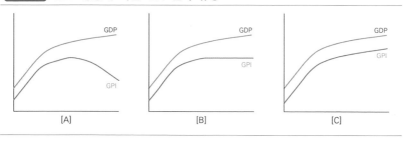

를 평가하고 있다. GPI는 정책 입안자들에게 경제 성장 외에도 환경 보호와 사회적 형평성을 고려할 수 있는 중요한 도구로 활용할 수 있다.

마무리하며

GPI는 GDP가 반영하지 못하는 삶의 질에 영향을 미치는 경제적, 환경적, 사회적 요인을 포괄하여 평가하는 데 중요한 역할을 한다. GDP가 경제 성장의 양적 측면을 강조하는 반면, GPI는 성장의 질적 측면을 고려하여 지속가능발전 수준을 보다 현실적으로 반영한다. 물론 GPI는 비시장 활동 가치 산출의 주관성, 국가 간 데이터 차이에 따른 일관성 문제, 단일 지표로 모든 사회적·환경적 문제를 해결하는 데 한계가 있다는 비판도 존재한다. 그럼에도 불구하고 GPI는 GDP가 경제 성장 외에도 사회적·환경적 가치를 종합적으로 평가할 수 있다는 점에서 의의가 있다. GDP의 한계를 보완할 수 있는 GPI와 같은 지표가 더욱 널리 도입되어, 경제 발전과 더불어 환경과 사회를 포괄하는 지속 가능한 미래를 위한 정책적 기반이 될 수 있기를 기대한다.

지속가능발전을 위한 소통과 상생의 리더십

김익수_환경일보 편집대표이사

　사람들은 늘 새롭고, 충격적인 사건들을 접하며 인생을 살아가고 있다. 대형산불, 지진 같은 재해뿐만 아니라 기후위기, 식량가격폭등, 플라스틱 쓰레기 산, 이스라엘과 팔레스타인 분쟁, 챗지피티(Chat GPT) 등 이슈들은 각자의 삶에 직간접적 영향을 미치게 되며, 우리는 그야말로 초연결 사회에 살고 있다. 그렇다면 어떻게 사는 것이 정답일까?

　세계경제포럼(World Economy Forum)은 매년 초 전세계 정·재계, 학계의 거물급 인물들, 석학들이 모여 세계가 나아갈 방향을 논의하는 매우 의미있고 중요한 모임이다. 2016년 '4차 산업혁명과 일자리'가 주요의제로 떠오르고 마침 그해 알파고가 이세돌 9단에게 승리를 거두면서 사람들은 인간을 넘어서는 엄청난 현실과 변화를 두려워하기 시작했다. 그런데 이후 계속되는 세계경제포럼의 핵심단어는 '소통과 책임', '인간중심', '포용', '지속가능성장'이었다. 하나로 연결된 세계에서 초상황적 협력이 중요하다는 의미이다. 인공지능(AI)의 발전도 결국 인류를 위한 기술개발로 이어져야 한다는 것이다. 그렇다. 모든 것은 연결되어 있고, 좋은 것도 나쁜 것도 서로 영향을 미치고 있다.

지속가능발전은 행복 추구 과정

우리 모두는 행복을 추구하며 산다. 궁극적인 목표는 행복하게 살아가는 것이다. 대한민국은 행복한 나라일까? 아쉽게도 매년 미국 갤럽 조사나 UN SDSN 조사를 보면 한국은 낙제 점수를 받는다. K-컬처로 세계인의 관심과 부러움을 사고 있고, 세계 10위 안에 드는 경제부국임에도 불구하고 왜 한국인들은 스스로를 행복하지 않다고 생각하는 걸까? 행복의 기준이 다른 건 아닐까?

언제 가장 행복을 느끼느냐 질문하면 대부분 '가족과 식사할 때', '사랑한다고 말하거나 들었을 때', '존중받는다고 생각될 때' 등으로 답한다. 행복의 조건으로 보통 건강, 관계, 경제적 안정, 자아실현, 삶의 여유와 취미 등을 꼽는다. 미국 하버드 대학에서 졸업생 700명을 대상으로 조사를 했더니 가족, 친구, 동료와 소통하며 형성하는 '좋은 관계'를 행복의 첫 번째 조건으로 꼽았다. 상대의 의견을 묻고, 듣고, 반영하면서 목표를 설정하고 함께 추진하는 과정은 반드시 필요하다. 즉, 행복은 지속가능발전의 개념과 상통한다. 소통은 정보를 공유하면서 타인의 의사를 존중하고 선택하는 과정이다.

그런데 소통은 쉽지 않다. 개인 간, 가족 간 뿐만 아니라 공익을 목적으로 하는 국책사업에서 조차 소통이 제대로 되지 않아 주민갈등이 심화되고, 공사가 연기되거나 취소되는 상황이 벌어지곤 한다. 소통은 저절로 되지 않는다. 진정성을 바탕으로 한 성실한 준비가 필요하다. 상대를 존중하는 마음으로 정보를 제공하고 공감하고 실천할 수 있도록 배려하고 기다려야 한다.

세계가 손잡고 만든 지속가능발전목표(Sustainable Development Goals:

SDGs)는 기아종식과 지속가능 농업, 깨끗하고 안전한 물과 위생 등 17개 목표와 169개 세부목표로 구성된다. 핵심은 목표의 조율과 조화, 통합적 고려, 시민참여 합의과정이 있다. 즉, '소통과 상생의 리더십'이 반드시 필요하다.

지속가능발전을 저해하는 요인은 소통부재와 사회갈등이다. 천성산 터널공사, 새만금개발사업, 제주강정마을 개발, 해상풍력 등 속도에만 파묻혀 소통하고 존중하며 타협하는 과정을 무시한 결과는 대단히 참담했다. 환경정의, 기후정의는 '절차적 정의'가 우선이다. 적합한 정보를 제공하고, 절차에 참여할 권한을 부여하고, 필요한 교육 및 훈련을 제공하면서 소통과 신뢰를 쌓아야 제대로 소통할 수 있다.

3중 지구위기

세계는 지금 기후위기, 생물다양성 손실, 환경오염 등 3중 지구위기를 겪고 있다. 탄소중립, 생물다양성 보존, 순환경제 등 새로운 시스템으로의 전환이 절실하다.

우리는 이미 기후변화를 넘어 기후위기 시대를 살고 있다. 여름은 37일 늘고, 겨울은 20일이 줄었다. 폭염, 집중호우 같은 극단적 기상과 해수면 상승, 생태계 변화 등을 겪고 있다. 그럼에도 불구하고 과학적 지식이나 전문가 판단 보다는 감성에 의존하며 소통은 도외시하는 모습을 보인다.

기후변화에 관한 정부간 협의체(IPCC)는 2022년 2월 한국에서 개최된 회의(AR6 WG2)에서 머지않은 미래에 발생할 더 많은 강우와 더 강한 가뭄, 식량과 영양분공급 악화, 아시아 에너지안보를 경고하면서 기후위기를 극복할 '기후탄력적 발전'을 권고했다. 또한, 향후 10년 내 결단과 실천이 미래를 결정할 것이라고 경고했는데 과연 우리는 지금 소통하고 공감하고 실천하고 있는지 모르겠다.

40억 명 이상이 물 부족으로 고통을 겪을 것이라고도 했는데 미래학자 제러미 리프킨 또한, 이상기후로 매년 2,100만 명이 물을 따라 강제이주하는 '신유목민 시대'가 곧 도래한다고 강조했다.

100년 전 발명된 플라스틱은 전 세계인의 생활에 획기적 변화를 가져오며 '신의 선물'이라 칭송됐으나 플라스틱 폐기물이 범람하면서 '저주'로까지 평가되고 있다. 생산된 플라스틱의 59% 이상이 자연에 축적되고 있으며, 한국의 15배 크기의 쓰레기 섬이 만들어지며 생태계를 파괴하고 해양생물 700여 종을 위협하고 있다. 풍화된 초미세 플라스틱은 먹이사슬을 통해 우리 식탁에 오르고 있다. 한국은 1년 평균 플라스틱 컵 33억 개, 페트병 49억 개를 소비하고 있다. 자원의 무분별한 사용 대신 설계 단계부터 재사용을 고려하고 폐기물 발생을 원천 차단하며 성장하는 순환경제(Circular Economy)로의 전환이 시급하다. 잘하면 향후 200년 이상 세계 경제 생산 및 소비방식에 가장 큰 기회로 작용할 수도 있다는 전망이다. 우리 하기에 달렸다.

많은 사람들의 관심을 끌고 있는 TCFD(기후변화관련 재무정보공개협의체)에 이어 떠오르고 있는 TNFD(생물다양성관련 재무정보공개협의체)는 자연자본에 위해를 미치는 생산활동이나 서비스가 비즈니스에 위험요인인 동시에 현재보다 더 나은 미래 자연의 상태(Nature Positve)에 투자하는 것이 비즈니스 기회를 제공한다는 인식에서 출발했다. 기후변화 못지않게 자연 가치와 생산능력 파괴가 중요한 이슈로 부상하고 있다. 기후변화와 생물다양성보존, 자원순환경제의 통합적 사고가 필요하다.

소통과 상생으로 가는 길

그렇다면 소통하는 방법으로 어떤 것들이 있을까? 간단하고 효과적인 해결방안으로 행동경제학 '넛지(nudge)'가 있다. 정책을 정교하게 설계하면 마음을 거스르지 않으면서도 비용 효율적인 소통이 가능하다는 이론이다. 예를 들어 네덜란드 스키폴 국제공항 남자화장실 변기에는 작은 벌레를 그려 넣은 후부터 화장실이 청결해졌다. 건강을 위해 계단을 이용하라고 권할 때도 피아노 건반 모양의 계단을 밟을 때마다 소리가 나도록 만들어 거슬리지 않고 행동을 유도하는 방법도 있다. 학교 앞 아이들이 신호를 기다리는 횡단보도 바닥과 배경벽면을 노란색으로 칠하면 운전자의 식별력을 높여 안전사고를 예방할 수 있다. 미국환경보호청(US−EPA)은 유해화학물질을 사용하는 회사들이 자발적으로 온라인상에 물질목록을 게시하도록 촉구하는 공문 한 장을 통해 유해화학물질 사고를 30%나 저감하는 큰 성과를 거두기도 했다.

연 100만명 이상의 관광객이 방문하는 그림같이 아름다운 스웨덴 마을 포스막에는 원자력발전이라는 결코 쉽지 않은 과제를 달성하는 과정에서 35년간 주민들에게 모든 '정보를 투명하게 제공하고 함께 참여'하면서 소통하고 협력해 신뢰로 갈등을 해결한 사례가 있다.

파주시는 고도 정수처리로 제공되는 양질의 수돗물을 시민들이 회피하는 경향을 보이자 '스마트관리(smart management)'라는 아이디어를 냈다. 실시간 물소비 패턴을 분석해 시간대별 수요에 따라 공급하고, ICT를 이용해 수돗물이 공급되는 전과정을 시민이 파악해 안심하고 마실 수 있도록 했다. 그 결과 1%도 안 되던 음용률이 34%로 급등했다.

통합적 접근으로 소통하는 사례도 있다. 2050년 95억 명으로 추산되는 인류의 먹거리를 고민하던 학자들이 고구마에 주목했다. 물과 에너지 소비는 줄이고, 토양정화능력도 있는 고구마는 훌륭한 식량이 될 수 있다는 것이다. 1년에 서리가 내리지 않는 날, 즉 무상일수가 40일 이하 지역이라면 중국, 카자흐스탄, 알제리 등 고위도 지역에서 더 농사가 잘된다고 한다.

자연기반해법(NbS, Nature based Solutions)으로도 소통이 가능하다. 중국 베이징에서 2,500㎞ 떨어져 있는 내몽고 쿠부치 사막은 한국으로 날아오는 중국발 황사의 거의 절반가량의 발원지이다. 한국의 한 민간단체에서 이곳에 나무를 심기 시작하면서 벌레가 보이고, 먹이사슬을 이루는 동물들이 나타나고, 이주했던 원주민들이 모두 돌아와 생태문명의 가능성을 보여주고 있다.

지속가능한 미래사회는 정부와 지방자치단체, 기업, 시민 모두가 함께 손잡고 나아갈 때 가능하다. 과학에 기반한 일관된 정책을 수립하고 실천하며, 기후변화 완화와 적응전략을 동시에 추진해야 하고, 에너지, 식량, 물 분야에서 기후탄력성을 확보해야 한다. 통합적 사고와 전과정 사고가 필요하다. 유용한 기후기술을 개발하고, 파격적으로 투자해야 한다. 소통과 상생, 책임의 리더십으로 더 좋은 지구, 행복한 대한민국을 만들어 갈 수 있다.

지속가능한 사회를 위한 ESG 경영

노상환_경남대학교 교수

최근 전 세계적으로 환경(E; Environmental) 사회(S; Social) 지배구조 (G; Governance)와 같은 비재무적 요인을 경영 의사결정에 반영하는 ESG 경영이 새로운 국제 경제 질서로 잡아오고 있다. 이는 투자자나 투자기관을 중심으로 환경과 사회적 책임, 인권, 반부패 등을 포괄하는 사회 문제에 대한 요구가 본격화되면서, 지속가능한 성장을 위한 핵심 아젠다가 되었기 때문이다.

ESG 경영은 기업이 주주의 이익 추구를 최우선으로 하는 주주 자본주의(shareholder capitalism)에서 다양한 이해관계자의 이익을 추구하는 이해관계자 자본주의(stakeholder capitalism)로의 전환을 의미한다. 오랫동안 기업의 사회적 책임이 주주 이익극대화라는 주장과 이해관계자 이익극대화라는 주장이 대립되어 왔다. 1971년 미국의 경제학자인 밀턴 프리드만이 자신의 논문에서 "기업의 사회적 책임은 이윤을 극대화하는 것이다"라는 주주 자본주의와 부합하는 주장이 기업이 추구하는 표준으로 최근까지 자리 잡아 왔었다. 그러나 주주 산업화와 도시화로 기후변화, 생물다양성, 미세 플라스틱 등의 다양한 환경 문제와 소득 불평등 문제를 심화시켜 주주 자본주의에 대한 비판이 제기되었다. 그래서 최근 몇 년 전부터 기업의 사회적 책임은 단순히 주주만의 이익을 추구하는 것을 넘어, 근로자, 협력 업체, 소비자, 지역 사회 모두의 이익을 추구하는 이해관계자 자본주의에 대한 필요성이 점차 강화되어 오고 있다.

ESG 경영은 2004년 유엔 글로벌콤팩트 보고서에서 언급된 이래, 2006년 유엔사회적책임투자원칙(UN Principles for Responsible Investment: UN PRI)에서 ESG를 투자 결정 및 자산 운용원칙으로 결정하였고, 2015년 UN의 지속가능개발목표(Sustainable Development Goals: SDGs)에서 ESG 이슈에 대한 국제 사회의 협력을 강화하였다. 그리고 2019년 미국의 기업 최고경영자로 구성된 비즈니스 라운드테이블(BRT) 연례회의에서 기업의 새로운 목표(New Purpose)로 i) 고객에게 가치 전달, ii) 종업원에 투자, iii) 협력업체에 대한 공정하고 윤리적인 대우, iv) 지역 사회 지원, v) 주주를 위한 장기적 가치 창출이라는 목표를 설정하였다. 또, 2020년 세계경제포럼(World Economic Forum)에서 지속가능한 발전을 위해 자본주의를 주제로 기업이 어떻게 행동해야 하는지에 대한 결과로 "기업을 위한 이해관계자자본주의 공동지표"를 발간하였다.

ESG 경영은 유럽연합(EU)이 선제적으로 견인하여 오고 있는 가운데, 미국이나 한국은 후발주자로 투자자 및 투자기관의 ESG 정보 공시 요구에 부응하여 ESG 공시를 의무화해 오고 있다. EU는 2005년부터 탄소를 배출하는 기업에 비용을 부담하게 하는 탄소배출권제도(ETS)를 운용하여 왔고, 이와 연계하여 EU 역내 기업의 가격경쟁력 약화와 역외로 생산설비를 이전할 가능성에 대비하여 2026년부터 철강, 시멘트, 알루미늄, 비료, 전기, 수소 등 6개 품목에 탄소국경조정제도(CBAM) 시행을 앞두고 있다. 또, 2018년부터 종업원 수 500인 이상의 대형 상장 기업과 은행 및 금융기관에 대해 비재무정보지침(NFRD)을 통한 공시 의무화를 실시하였다. 미국은 2022년 인플레이션감축법(IRA)을 통해 미국 내 물가 상승을 억제하고, 친환경 전기차에 보조금 지급하는 등 기후변화에 대응하여 왔으며, 2022년에 기업 사업보고서 공시 자료에 별도로 기후관련 공시를 의무화하도록 하였다. 한국 역시, 2015년부터 탄소배출권제도를 도입하여 기후변화에 대응함과 동시에 2050 탄소중립을 선언하였고, 2조 원 이상의 코스피 상장기업을 대상으로 2026년 이후 ESG 공시 의무화를 계획하고 있고, 2030년부터 모든 코스피 상장사를 대상으로 지속가능경영 보고서 발간을 의무화하였다.

그리고 글로벌 신용평가기관인 무디스, 스탠다드앤푸어스(S&P), 피치 등은 기업 신용평가 등급에 ESG 평가 반영비율을 높이고, 글로벌 투자자나 투자기관들은 ESG를 투자 결정에 중요한 요소로 반영하여 오고 있다. 특히, 세계적인 투자운용사 블랙록 CEO 래리 핑크는 "앞으로 ESG를 고려하지 않는 기업에는 투자하지 않겠다"라는 원칙을 밝힌 이래, 기업들은 ESG 친화적 경영에 더욱 집중하고 있다.

한국은 2021년 산업통상자원부가 "K-ESG 가이드라인"을 발표하여 ESG 경영을 지원하고 있다. 동 가이드라인은 다우존스지속가능성지수(DJSI), 모건스탠리자본지수(MSCI), EcoVadis, 글로벌보고이니셔티브(GRI) 등 국내외 주요 13개 평가기관의 3,000여 개 이상의 지표와 측정항목을 분석하여, 61개 ESG 이행과 평가의 핵심 공통사항을 마련하였다. 세부적으로, 정보 공시의 형식·내용·검증에 5개 문항, 환경경영 목표, 원부자재, 온실가스, 에너지 및 용수 등 환경부문에 17개 문항, 노동의 다양성 및 양성 평등, 산업 안전, 동반 성장 등 사회부문에 22개 문항, 이사회 구성 및 활동, 주주 권리, 윤리 경영 등 지배구조 부문에 17

개 문항을 제시하였다.

이러한 노력의 결과, ESG 투자 규모는 빠른 속도로 증가하고 있다. 글로벌지속가능투자연합(GSIA)에 따르면 글로벌 ESG 투자 자산 규모는 2016년 22.8조 달러에서 2018년 30.7조 달러, 2020년 35.3조 달러로 대폭 증가하여 왔다. 그리고 한국에서도 2022년 국내 ESG 금융 규모는 1,098조 원으로 2018년 284조 원(2019년 405조 원, 2020년 612조 원, 2021년 786조 원)보다 거의 4배가 증가하였다. 이와 같이 투자가 폭증하는 이유는 ESG 경영을 잘하는 기업은 장기적인 기업 가치를 증가시킨다는 믿음이 커져 왔기 때문이다. 실제로, 대한상공회의소 2021년 ESG 경영과 기업의 역할에 대한 국민인식 조사에서 기업의 역할이 주주의 이익 극대화라고 응답한 응답자는 9.0%에 불과하였지만, 기업의 역할이 주주가 아닌 사회 구성원의 이익이라고 답한 응답자가 39.7%로 4배 이상이 높았다. 그리고 제품 구매시 기업의 ESG 활동을 고려한다는 응답이 63%나 되고, ESG 활동에 부정적인 제품을 의도적으로 구매하지 않은 경험이 있다는 응답이 70%나 되었으며, ESG 활동이 우수한 기업 제품은 추가 가격을 지불하고라도 구매하겠다는 응답이 88.3%로 높게 나타났다.

ESG 경영으로 비재무적 성과와 동시에 재무적 성과를 향상시켜 온 국내외 다수의 기업들이 있다. 특히, 글로벌 아웃도어 의류업체인 파타고니아사는 "Don't buy this jacket(이 옷을 사지 마세요)"라는 광고 카피를 할 정도로 ESG 경영에 적극적인 회사이다. 새 옷을 생산할 때마다 자원 고갈이나 환경 파괴가 불가피하니, 재사용·재활용을 장려하기 위하여 이러한 극단적인 광고를 하였다. 이를 뒷받침하기 위하여 재사용이나 재활용을 위해 원 웨어(Worn Wear) 프로그램을 가동하고, 생산된 제품이 지속가능할 때까지 사용하고자 하는 4R 즉, Repair(고쳐서 입기), Reuse(재사용), Recycle(재활용), Reduce(절감)로 책임 있는 소비를 권장하였다. 그리고 원자재 생성을 사회적 미션으로 하는 스타트업을 지원하며, 친환경 소재나 원천 기술을 공개하도록 하여 경쟁 기업과 상생 협력을 통하여 공익적 가치를 추구하였다. 그리고 자신과 가족의 모든 주식을 환경과 사회적 가치 보호를 위해 설립한 비영리 신탁회사에 위탁하여 지배구조 리스크를 관리하는 등 기업 경영 자체가 ESG 경영이라고 할 정도로 모범을 보여주었다. 대중들은 이러한 노력을 지지하여 매출 상승과 함께 브랜드 가치가 향상하여 재무적 지표 향상으로 이어졌다. 다음으로, 세계적인 전자회사에서 게임과 미디어업으로 변신한 일본의 소니사를 들 수 있다. 소니사는 기업 정보에 접근할 수 있는 투명성과 지속가능성을 최우선 과제로 두고 ESG 친화 경영을 실행하였다. 구체적으로, 로드투제로(Road to Zero)라는 목표로 2025년까지 환경 중기 목표인 "Green Management 2025"를 이행 계획으로 수립하였는데, 이의 주요 내용은 가치체인(Value Chain)에 환경 영향을 감축하도록 협력사와 공동 노력하고, 재생에너지 사용을 확대하는 등 기후변화 대응을 강화하며, 지역 사회나 소비자에게 지속가능성 과제의 개발 및 행동을 유인하는 것이 핵심이다. 한국의 많은 기업들도 ESG 경영을 능동적이며 적극적으로 준비하여 오고 있다. 예를 들면, 한국의 대표 철강회사인 POSCO홀딩스는 환경(E)부문에서 저탄소 생산체제로의 전환에 대한 선제적인 노력을 지속적으로 추진하며, 사회(S)부문에서 협력 업체와의 동반 성장과 전략적 사회 공헌에 노력을 기울여 왔으며, 2022년 포스코 그룹의 지주회사 출범을 기점으로 내부에 관련 위원회를 설치하고 실무 추진 기구를 운영하는 등 그룹 차원의 거버넌스(G)를 대폭 강화하여, 국내외에서 높은 ESG 평가를 받았다.

위의 경우와는 달리, 글로벌 자동차업체인 폭스바겐사와 글로벌 석유회사인 엑손모빌사는 나쁜 ESG 경영 사례로 평가되고 있다. 폭스바겐사는 배출가스 조작 사건, 소위 디젤게이트 사건으로 고객을 기만하였고, 더욱이 경영진이 이러한 조작을 인지하고도 방조하여 큰 비난을 받았다. 이로 인해, 고객들의 신뢰 하락은 물론, 막대한 피해 보상금과 벌금을 부담하게 되어 기업 가치 하락은 물론, 매출액, 영업이익 등 재무지표 악화를 경험하였다. 또, 엑손모빌사는 내부적으로 기후변화 위기에 대한 정보를 알고도 외부에는 잘못된 정보를 확산하였고, 친환경 에너지 투자를 등한시 하는 등 온실가스 배출량 저감에 미온적으로 대처한 결과 기업 경영 위기를 맞기도 하였다.

이와 같이, ESG 경영의 중요성이 커져만 오고 있지만, 기업 입장에서는 이를 준비하는 데 많은 어려움이 있다. 그 이유는 아직까지 글로벌 ESG 평가지침이나 평가요소, 평가지표 간 가중치 등에 대한 명확한 개념이나 제도 정립이 되어 있지 않아, 수많은 평가기관들의 평가 결과에 일관성, 비교가능성, 투명성 등이 결여되어 있기 때문이다. 한 예로 글로벌 전기차 업체인 테슬라는 생산된 전기차가 탄소를 발생시키지 않는다는 점에서 글로벌 평가기관인 MSCI에서는 우수한 등급을 받았으나, 또 다른 평가기관인 FTSE에서는 생산 과정에서 배출된 가스 때문에 매우 낮은 등급을 받는 등 평가기관 간 ESG 평가가 일치하지 않는 일관성 논란이 제기되고 있다.

그래서 국내외 평가기관들은 ESG 지표와 공시 방식을 표준화하고, 평가 결과 도출 방식에 대해 투명성 및 일관성을 제고하여 오고 있다. 이러한 동향에 발 맞추어 기업은 국내외 ESG 평가기관의 평가시스템을 면밀히 분석하고, 기업 전반에 적용되는 ESG 정책과 프레임워크를 만들어 조직 전반에 내재화하며, 다양한 이해관계자와 소통하여 함께하는 지속가능한 비즈니스 전략을 구축해야 한다. 이와 동시에 ESG가 기업의 경쟁력에 어떻게 통합될 수 있는 지 지속적으로 자료를 수집 진단 평가하여야 한다.

ESG활동과 혁신: 비용절감과 이윤확대의 숨겨진 힘

강상목_부산대학교 교수 / 김일중_부산대학교 겸임교수

최근 ESG를 위한 각국 정부의 제도나 표준규격 도입이 활발하다. 이미 ESG는 비재무적지표만 영향을 주는 정도가 아니라 재무적 요인, 즉 기업 이윤이나 비용에도 영향을 주고 있다. ESG활동은 기업의 이미지 제고와 신뢰도 제고 등 기업 경쟁력에 긍정적으로 작용할 것으로 판단되지만 현실적으로 이를 위한 직접 비용이 투입되어야 한다. ESG활동으로 당장 비용이 들고 이윤이 감소할 수 있기에 기업들이 이에 적극적으로 나서지 못하는 것이 현실이지만 ESG활동을 외면할 수 없는 것도 사실이다. 따라서 ESG활동을 회피할 수 없다면 이를 효과적으로 대응하여 기업의 경쟁력을 제고할 수 있는 방안을 찾아야 한다. 특히 중소기업을 포함한 많은 기업들이 ESG활동에 소극적인 이유는 비용이 소요되고 이윤감소에 영향을 미치기 때문이다. 따라서 선행연구들에 의하면 ESG활동이 비용 증가와 이윤 감소를 초래한다는 주장이 있고 반대로 비용 감소와 이윤 증가를 가져온다는 주장이 존재한다. 그런데 혁신활동도 내부적으로 살펴보면 자연적 관리수준의 낮은 혁신도 있고 완전히 새로운 기술을 개발하는 기술 혁신과 전략적 관리라는 높은 혁신도 존재한다. ESG활동은 낮은 혁신 혹은 높은 혁신의 관계에 따라서 각각 낮은 성과 혹은 높은 성과로 연결된다. 나아가 ESG활동이 초기투자 비용이 많이 소요되고 시간이 걸리므로 혁신과는 무관하게 진행될 수도 있을 것이다. 예외적일 수 있겠지만 ESG활동으로 혁신에 투입될 재원이 제한되거나 혁신 활동이 지연되는 상황도 간혹 일어날 수도 있다.

요컨대 ESG활동은 기업의 비용과 이윤을 증대시키기도 하고 감소시키기도 한다. 특히 ESG활동이 혁신과 연결되어 있을 경우 비용과 이윤에 미치는 영향은 상이할 것이다. ESG활동은 시기와 상황에 따라서 혁신과 무관하거나 약하게 혹은 강하게 관계를 가지므로 혁신의 정도에 따라서 비용과 이윤에 미치는 영향은 크게 달라질 것이다.

ESG활동, 혁신, 비용과 이윤의 관계

ESG활동이 기업의 혁신이나 성과에 미치는 영향은 복잡하고 다차원적이다. ESG활동과 혁신 간의 관계는 산업 특성, 시장 환경 등 외부적 요인과 기업의 규모, 기업의 전략, 조직구조 등에 따라 다르게 나타나고 이는 기업 성과에도 상이한 영향을 미칠 것이다. ESG활동은 초기 투자 비용이 많이 들고, 그 성과가 나타나기까지 시간이 많이 소요된다. 단기적으로 효과가 낮거나 없을 수도 있다. 때로는 인프라 개선, 내부 관리정책 강화 등 혁신과 관계없이 추진될 수도 있다. 또한 ESG 기준을 준수하기 위해 기업이 자원을 할애하면서 기존의 혁신 활동에 투자할 여력이 줄어들 수 있으며, 이는 단기적으로 낮은 성과로 나타날 수 있다.

그러나 장기적으로 보면, ESG활동이 기업의 이미지를 개선하고, 규제 리스크를 줄이며, 더 나아가 지속가능한 성장과 혁신을 가져올 수

그림 1 ESG활동과 혁신의 관계

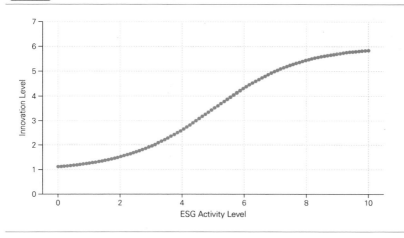

있다. 즉, ESG활동이 혁신을 촉진하고 신기술 개발과 신제품 생산을 촉진할 수 있다. 친환경기술과 사회적책임을 반영한 제품은 신시장개척과 고객신뢰, 수요를 증가시킨다.

일반적으로 개별 기업차원에서 보면 [그림 1]과 같이 ESG활동 초기에 혁신은 낮은 수준에서 출발하여 점차 높아지고 일정 수준에 이르는 형태를 보여주게 된다. 이처럼 ESG활동에 따른 혁신의 수준은 점차적으로 높아지고 체증하다가 일정 수준에 이르러 안정화되거나 지속적으로 높은 수준을 유지한다.

다음으로 혁신의 형태는 [그림 2]와 같이 기업의 상황과 여력에 따라서 ESG활동에서 4가지로 형태의 혁신으로 유형화해 볼 수 있다. 즉, 저혁신, 고혁신, 무혁신, 진정성없는 혁신실패 등이다. 저혁신(Low Innovation)은 ESG활동의 증가에 따라 혁신이 점진적으로 증가하지만 전반적으로 낮은 수준을 유지한다. 이와 달리 고혁신(High Innovation)은 ESG활동이 증가할수록 혁신이 급격히 증가하여 높은 수준을 보여준다.

그림 2 ESG활동과 혁신의 형태

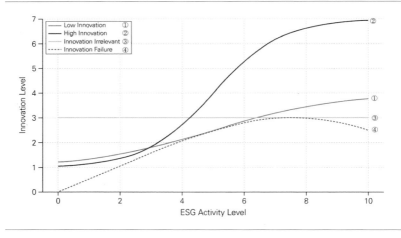

수평선으로 표시된 무혁신(Innovation Irrelevant)은 ESG 활동 속에서 혁신을 추구하지 않는 것을 의미한다. 마지막으로 혁신 실패(Innovation Failure)는 혁신을 시도하지만 잘못된 형태로 추진하거나 겉으로만 혁신하고 내면은 하지 않는 진정성 없는 혁신을 의미한다. 가령, ESG활동을 green washing으로 행하는 경우이다. 이 경우도 ESG활동이 증가함에 따라 초기에는 혁신이 약간 증가할 수 있지만, 결국에는 혁신이 실패하여 감소한다. 이러한 경우 ESG활동이 오히려 잘못된 방향으로 혁신을 유도하거나, 자원만 낭비되고 혁신이 이루어지지 못하게 된다. 혁신 실패는 무혁신보다 더 큰 피해를 가져온다.

　　이와 같은 4가지 혁신의 유형을 채택함에 따라서 비용과 이윤은 영향을 받는다. ESG활동에 따른 비용과 이윤의 영향을 단순화하여 유형화하면 다음과 같다. 즉, ① 기업의 비용상승과 이윤하락 ② 비용상승과 이윤증가 ③ 비용하락과 이윤증가 등이다. 하지만 이러한 유형화는 ESG 활동의 단계와 혁신의 성공과 실패 여부에 따라서 상이하게 나타나게

그림 3 4가지 혁신의 시나리오에 따른 비용과 이윤의 변화

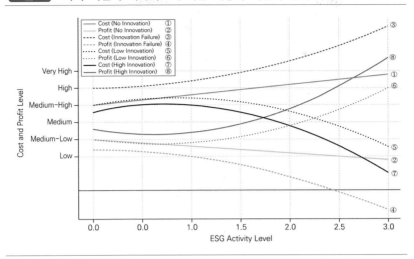

된다. 가령, 혁신이 성공할 경우, ESG활동이 증가함에 따라서 ESG활동의 초기에는 초기비용의 상승으로 비용증가와 이윤하락이 있게 될 것이다. 하지만 어느 정도 ESG활동이 확대되고 익숙해지는 일정 단계에 이르게 되면 비용은 증가하지만 이윤은 하락에서 상승으로 전환되어 증가하는 구간이 나타난다. 나아가 ESG가 성숙단계에 이르게 되면 비용도 감소하게 되고 이윤은 계속 증가하게 될 것이다. 반대로 혁신이 실패하게 되면 ESG활동이 증가함에 따라서 비용은 계속 증가하여 높은 수준을 유지하게 되고 이윤은 계속 감소하여 낮은 수준을 유지하게 된다.

이와 같은 ESG활동 증가에 따른 기업의 비용과 이윤의 수준변화를 그림으로 제시하면 [그림 3]과 같다. x축은 ESG활동수준을 의미하고 y축은 비용과 이윤의 수준을 말한다.

첫째, 고혁신의 경우, ESG활동에 낮은 수준에서 새로운 기술 도입, 절차 개선, 또는 ESG 기준을 충족하기 위한 초기 투자비용의 발생으로

비용이 증가하게 된다. 하지만 혁신이 성공하면 ESG활동의 어떤 점에서 전환점에 도달하여 ESG활동의 효율성이 크게 향상되면서 운영비용이 감소한다. 여기서 이 전환점은 기업의 상태에 따라서 상이하게 올 것이다. 이 경우 비용은 가장 낮고 이윤은 가장 높은 경로를 보여준다.

둘째, 저혁신의 경우, 고혁신보다는 비용은 높고 이윤은 낮은 경로 궤적을 보여준다. 초기의 비용 상승과 이윤 하락이 전환되는 전환점에서 비용감소와 이윤증가가 나타난다. 그런데 혁신이 약하면 이윤증가보다 비용감소가 나중에 나타나는 경향이 있다. 가령, 단순히 석탄사용을 줄이고 온실가스가 적게 배출되는 천연가스로 전환하는 것은 강한 혁신이 아니고 약한 혁신에 속한다. 이 경우에 천연가스로의 전환은 비용을 상승시키지만 천연가스를 사용한 제품판매 증가로 이윤은 증가할 수 있다.

셋째, 혁신실패의 경우, ESG활동에 투입된 초기 비용이 효과적으로 회수되지 못하고 지속적인 비용 부담으로 남는다. ESG활동의 효율이 저하되면서 비용이 지속적으로 상승하거나 감소하지 않게 된다. 이윤은 시간이 지나도 회복되지 않거나 오히려 더 악화될 수 있다. 혁신실패는 4가지 시나리오 중 가장 좋지 않은 결과를 초래한다.

넷째, 무혁신의 경우, ESG활동에 혁신이 없고 형식적으로 진행하므로 비용 증가가 지속되고 이윤감소도 계속된다. 혁신실패보다는 나쁘지 않지만 혁신실패와 유사한 비용과 이윤의 경로를 보여준다.

ESG 활동과 혁신＝상호 보완적 관계

ESG활동의 초기에는 ESG투자비용이 많이 들어가므로 기업의 비용과 이윤의 성과는 좋지 않다. 하지만 ESG활동이 진행되면 활동의 효율이 높아지면서 비용과 이윤은 전환되는 단계에 이른다. 만약 비용은 증가하면서 동시에 이윤도 증가한다면 이는 주로 ESG의 시작단계에 일어나는 경우가 많다. 이처럼 ESG활동과 혁신은 상호 보완적인 관계에 있다. 성공적인 혁신은 ESG활동의 효율성을 극대화하여 비용을 줄이고 이윤을 증가시키는 반면, 실패한 혁신은 ESG활동의 부정적인 영향을 가중시켜 기업의 비용과 이윤에 악영향을 준다. 따라서 기업은 ESG활동과 혁신을 상황에 맞게 전략적으로 결합하여 지속 가능한 성장을 도모해야 할 것이다.

PART 2

ESG와 탄소중립: 실천 전략

ESG와 탄소중립

김성희_한양대학교 교수

　현대 사회에서 ESG와 탄소중립이 중요한 화두가 되고 있는 이유는 기후 변화와 더불어 사회적 책임과 투명성이 기업뿐 아니라 개인에게까지 요구되기 때문이다. ESG는 환경(Environment), 사회(Social), 그리고 거버넌스(Governance)로 이루어져 있으며, 각 요소는 우리 사회가 건강하고 지속 가능하게 하는 데 필수적이다.

　이처럼 ESG는 환경 보호, 사회적 책임, 투명한 경영을 통해 지속 가능한 미래를 실현하고자 하는 경영 철학이다. 예를 들어 종이 소비를 줄이고, 디지털 문서를 사용하는 것만으로도 우리는 산림 파괴를 줄이고 ESG에서 환경 보호를 위한 노력에 참여할 수 있다. 이러한 활동은 종이 사용량과 탄소 배출을 줄임으로써, ESG 실천에 기여하는 것이 될 수 있다.

　영화 『인터스텔라, Interstella(2014)』는 지구 환경이 황폐해지면서 인류가 다른 행성을 찾아 떠나는 모습을 보여주는데, 이는 기후 변화가 심화할 때 인류가 맞이할 수 있는 극단적 미래를 경고하고 있다. 탄소중립은 이와 같은 재앙을 막기 위해 필수적인 개념으로, 탄소 발자국을 줄

표 1 탄소중립 전략

탄소중립 전략	내용
배출량 감소	화석연료 연소, 수송 등 인간의 활동에 의한 배출량을 0에 가깝도록 감소시킴
흡수량 증가	숲 복원, 탄소 제거 기술 등으로 흡수할 수 있도록 함

출처: 탄소중립 정책 포털

이고, 기후 변화에 대응하며 지속 가능한 방식으로 자원을 사용하는 것이다.

탄소중립(Carbon Neutrality)은 대기 중에 온실가스인 이산화탄소(CO_2)의 배출량을 줄이거나 상쇄하여 최종적으로 배출량을 '0'으로 만드는 것을 의미하며, '넷-제로(Net-Zero)'라고도 불린다. 이는 기후 변화에 대한 국제적 관심이 증가하면서 널리 사용되기 시작한 개념으로, 인간의 활동에서 발생하는 이산화탄소를 줄이고, 나무 심기나 탄소 포집 기술 등을 통해 배출된 이산화탄소를 다시 흡수하거나 상쇄하는 활동을 포함하는 개념입니다. 이렇게 흡수량을 늘려 순 배출량을 '0'으로 만드는 것이 목표이며, 우리나라도 2050년까지 탄소중립을 이루기 위해 다양한 노력을 기울이고 있다.

탄소중립의 추진배경을 살펴보면, 1992년 국제사회는 온실가스에 따른 지구온난화에 대한 심각성을 인식하고 이에 대응하기 위해 유엔기후변화협약(United National Framework Convention on Climate Change, UNFCCC)을 제정했다. 이 협약을 통해 가입국들은 자국의 실정에 맞는 온실가스 배출 감축을 위한 국가 정책을 수립 및 시행하겠다는 선언을 했다. 이는 UN이 주관한 협약으로 선언적 성격의 기본협약으로 강제사항은 포함되지 않았다. 이후, 1997년 교토의정서(Kyoto Protocol)를 통해 산업혁명 이후 온실가스 배출에 역사적 책임이 있는 선진국들만을 대상

표 2 교토의정서에서 규정한 6대 온실가스와 주요 발생원

6대 온실가스	주요 발생원
이산화탄소(CO_2)	주로 화석연료 사용 및 산업 활동에서 발생
메탄(CH_4)	농업, 축산업, 폐기물 처리 과정에서 주로 발생
아산화질소(N_2O)	비료 사용, 농업 및 산업 공정에서 발생
수소화불화탄소(HFCs)	냉매, 에어컨 및 산업 공정에서 사용되는 인위적 가스
과불화탄소(PFCs)	알루미늄 제조 및 반도체 공정에서 발생하는 인위적 가스
육불화황(SF_6)	전력 장비의 절연체와 전자제품 제조 과정에서 발생하는 가스

으로 법적 구속력이 있는 온실가스 감축 의무를 설정했으며, 6대 온실가스 규정을 통해 지구온난화의 심각성을 알리고 배출량 감축 목표를 제시했다. 교토의정서는 2005년에 발효되어 2020년에 만료되었다.

2015년 파리협정(Paris Agreement)은 2020년 만료 예정이었던 교토의정서를 대체하며, 선진국 중심의 기후 변화 대응 체제에서 벗어나 전 세계 모든 국가가 참여하는 보편적인 기후 변화 체제를 마련했다. 파리협정에서는 지구 평균 온도 상승을 2℃ 이하로 유지하고, 가능하면 1.5℃ 이하로 제한하기 위해 노력해야 한다는 목표를 최초로 명시했다. 이러한 목표는 2018년 기후 변화에 관한 정부 간 협의체(International Panel on Climate Change, IPCC)가 채택한 '1.5도 특별보고서'를 통해 과학적 근거를 마련했으며, 이는 유엔기후변화협약(UNFCCC) 당사국 총회의 공식 요청에 따라 작성되었다. 탄소중립은 이러한 국제적 노력의 하나로, 기후 변화 완화를 위해 전 세계가 함께 추진해야 할 중요한 과제로 주목받고 있다.

ESG와 탄소중립은 환경 보호와 지속 가능한 발전을 위해 에너지를 어떻게 사용하고 전환하느냐에 밀접하게 연결되어 있다. ESG의 환경 요

표 3 에너지 전환의 개념과 내용

에너지 전환	내용
개념	화석연료 기반의 에너지 시스템을 태양광, 풍력 등과 같은 재생에너지로 전환하여 온실가스 배출량을 줄이고, 기후 변화에 대응하기 위한 과정
목적	지구온난화를 완화하고, 지속 가능한 에너지 시스템을 구축하여 탄소중립을 실현하기 위한 것
주요방법	재생에너지(태양광, 풍력 등) 확대, 에너지 효율 향상, 화석연료 감축
기대효과	온실가스 배출 감소, 에너지 자립성 강화, 장기적인 에너지 비용 절감, 기후 변화에 대한 대응
주요 도전 과제	재생에너지의 안정적 공급 문제, 기존 화석연료 기반 산업의 전환 비용, 재생에너지 인프라 구축을 위한 초기 투자 및 정책적 지원 필요

소는 탄소 배출을 줄이기 위한 에너지 전환을 중시하며, 이는 탄소중립의 핵심 목표와 직접적으로 관련된다.

우선, 에너지 전환(Energy Transition)은 화석연료 중심의 에너지원에서 친환경적인 재생에너지로 이동하는 것을 의미한다. 석탄, 석유 같은 화석연료는 이산화탄소(CO_2)를 다량 배출해 지구온난화의 주요 원인이 되지만, 태양광, 풍력과 같은 재생에너지는 탄소 배출이 거의 없거나 매우 적어 기후 변화 완화에 큰 역할을 한다. 이러한 재생에너지로의 전환은 ESG에서 환경 보호와 지속 가능성을 실현하는 중요한 방법이며, 기업이 탄소중립 목표를 달성하는 데 긍정적인 영향을 끼칠 수 있다.

다음으로, 재생에너지는 탄소중립 달성에 큰 영향을 미친다. 예를 들어, 기업이 태양광 발전이나 풍력 발전을 통해 전력을 공급받으면 기존 화석연료 사용을 대체하면서 탄소 배출을 줄일 수 있다. 재생에너지를 활용한 친환경 에너지 전환은 온실가스 배출을 크게 줄이며, ESG 실천을 통해 탄소중립에 기여하는 구체적인 방법이 된다. 실제로 여러 글로벌 기업들이 재생에너지를 사용하거나 태양광 패널을 설치해 운영하

표 4 재생에너지 참여기업 사례

참여기업	재생에너지 활용 방식	탄소중립의 기여도
구글	데이터 센터에 100% 재생에너지 사용	전 세계 데이터 센터에서 발생하는 이산화탄소 배출량 대폭 감소
애플	본사 및 공장에 태양광 패널 설치, 풍력 발전 활용	전체 전력의 재생에너지 비율 증가, 공급망 내 탄소 배출 감축
아마존	대형 태양광 및 풍력 발전소에 투자해 자체 전력 확보	물류 및 배송 센터의 탄소 배출 감축, 전체 탄소중립 목표 달성 가속화
마이크로소프트	본사 및 클라우드 서버에 재생에너지 사용, 탄소 포집 기술 도입	데이터 센터의 탄소 배출량 감소 및 탄소중립 목표 조기 달성
스타벅스	일부 매장에 태양광 패널 설치, 친환경 매장 설계 적용	매장 운영 시 발생하는 에너지 사용량 감소 및 온실가스 배출 감소

는 스마트 빌딩을 도입하고 있다.

또한, 기업은 에너지 절약을 통해 탄소 배출을 줄일 수 있다. 전력 사용량을 줄이는 것은 직접적인 탄소 배출 감소 효과를 가져온다. 예를 들어, 조명, 냉난방, 기계 설비의 효율적인 사용과 에너지 절약 기술 도입을 통해 불필요한 전력 소비를 줄이면 온실가스 배출량을 감소시킬 수 있다. 에너지 효율이 높은 LED 조명이나 스마트 온도 조절기 설치 같은 작은 변화도 큰 효과를 낼 수 있다.

마지막으로, 효율적인 에너지 사용을 위한 혁신적 기술도 탄소중립 실현에 기여할 수 있다. 예를 들어, 압전 기술(Piezoelectric Technology)은 사람들이 걷거나 움직일 때 발생하는 압력을 전력으로 변환하는 기술로, 지하철역 바닥이나 계단 등에 설치해 사람들의 이동을 활용하여 에너지를 생성할 수 있다. 이 에너지는 조명이나 기타 전력 공급원으로 활용될 수 있어 별도의 탄소 배출 없이 에너지를 생산하는 방법이다. 또한, 스마트 빌딩과 에너지 모니터링 시스템을 통해 건물 전체의 에너지 사용을 실시간으로 모니터링하고 최적화할 수 있다. 스마트 빌딩에서는 에너지가 필요한 구역에만 조명과 냉난방을 공급하여 에너지를 효율적으로 사용하는 방식으로, 이러한 기술은 기업이 탄소중립을 실현하는 데 효과적일 뿐 아니라 비용 절감에도 기여할 수 있다.

그러므로 ESG와 탄소중립은 환경 보호와 사회적 책임을 통해 기후변화에 대응하고 지속 가능한 미래를 이루기 위한 중요한 시도라 할 수 있다. 환경정책 측면에서 ESG와 탄소중립에 대한 논의는 더 이상 선택이 아닌 필수적 과제로, 종이 절약, 재생에너지 활용, 에너지 효율을 높이는 혁신적 기술 도입 등 작은 실천들이 ESG와 탄소중립 목표 달성에 기여할 수 있다. 이러한 노력이 모여 궁극적으로 지속 가능한 미래를 위한 기반이 되며, 우리 모두의 생활과 환경에 긍정적인 영향을 미칠 수 있다.

ESG 공시 기준 동향과 시사점

고문현_숭실대학교 교수

2023년 6월, 국제회계기준(IFRS) 재단 산하 국제지속가능성기준위원회(ISSB)는 IFRS S1(일반 요구사항) 및 IFRS S2(기후 관련 공시)로 구성된 지속가능성 공시기준을 확정하였다. 동시에, 유럽재무보고자문그룹(EFRAG)은 2023년 7월을 기준으로 유럽 지속가능성 공시기준(ESRS; European Sustainability Reporting Standards) 초안의 일부를 확정하였다.

우리 정부는 글로벌 ESG 공시 추세에 맞추어 오는 2025년부터 자산 2조 원 이상을 보유한 기업에 대한 ESG 정보공시를 의무화할 계획이었다. 그러나 금융위원회(위원장 김주현)는 2023년 10월 16일 'ESG 금융추진단 제3차 회의'를 열고, 오는 2025년부터 자산 2조 원 이상 코스피 상장사를 시작으로 ESG 공시를 의무화하려던 계획을 주요 국가의 ESG 공시 일정을 고려하여 2026년 이후로 연기하기로 하였다. 이는 ESG 공시를 위한 기업들의 부족한 인력, 인프라, 그리고 명확한 기준 등을 고려한 결과로 이해된다.

여기에서 시대정신인 ESG의 의의, 공시의 배경 및 ESG 경영의 당위성 등을 살펴본 후에 국내외 ESG 공시기준 동향을 알아보고 시사점을 도출하고자 한다.

ESG는 환경(Environmental), 사회(Social), 거버넌스(Governance)의 세 가지 핵심 요소로 구성되어 있다. ESG는 기업이나 기관의 구성원이 투명한 의사결정(G)을 통하여 환경적 이슈(E)와 사회적 가치(S)를 책임감을 가지고 운영해야 지속 가능한 발전을 이룩할 수 있다는 철학이자 시대 정신이다. 이를 구체적으로 살펴보면 다음과 같다.

첫째, 환경적(Environmental) 이슈는 기업이 환경에 미치는 영향을 최소화하고, 자원 소비를 효율화하며, 재생 가능 에너지를 적극적으로 활용하는 등 환경적 책임을 다하는 것을 의미한다. 이를 통해 우리는 기후변화 및 생물다양성보호에 기여할 수 있다.

둘째, 사회적 가치(Social)와 관련된 이슈를 기업이나 기관이 사회적 책임감을 가지고, 다양성(D), 형평성(E)과 포용성(I)을 증진하며, 노동자의 권리와 공정한 노동관행 존중하며, 자신의 기반인 지역사회에 수익의 일부를 환원함으로써 시너지효과를 거두어 궁극적으로는 지속 가능한 사회에 기여하는 것이다.

셋째, 거버넌스(Governance)는 기업이나 기관의 구성원이 투명한 의사결정을 통하여 환경적 이슈(E)와 사회적 가치(S)에 높은 책임감을 가지고 운영해야 해당 조직이나 기관이 지속 가능한 발전을 이룩할 수 있다는 것이다.

ESG는 더 이상 기업만의 책임이 아니라 정부, 공공기관, 지자체, 학교, 병원 등 다양한 기관과 개인에게 영향을 미치는 중요한 키워드가 되어가고 있으며, 이는 궁극적으로 인류의 존망과 지속 가능한 발전을 좌우하는 핵심 의제(Agenda)이다.

이러한 ESG의 탄생 배경에 대해서는 ESG보다 더 근원적 개념인

'지속가능성(Sustainability)'에서 찾는 견해, UN환경계획(UNEP)이 발표한 우리 공동의 미래(브룬트란트 보고서)에서 사용된 '지속가능한 발전(Sustainale Development)에서 찾는 견해 등 다양하나, 'ESG'라는 정확한 용어는 UN Global Compact에서 발표한 'Who Cares Wins(2004)에서 처음 언급되었다. 그 이후 2006년 UN Kofi Anan 사무총장의 주도 아래 UN책임투자원칙[PRI(Principles for Responsible Investment) 6대원칙]을 발표하여 투자자들이 투자분석 및 결정에 ESG문제를 고려하겠다는 내용을 원칙1, 2, 3에 포함하면서 ESG 투자의 내용이 구체화되었다. 2020년 세계 최대의 자산 운용 회사인 BlackRock의 Laurence Douglas Fink 회장이 기업 CEO들에게 보낸 연례서한에서 기업의 ESG 경영이 투자자의 중요한 판단기준이라고 강조하면서 ESG가 기업경영의 핵심적 가치임이 확인되었고 ESG확산의 기폭제가 되었다.

　　오늘날 기업의 ESG 경영은 자금 흐름 및 투자 유치 가능성과 연관된다. 그린 뉴딜정책으로 인해 자금이 녹색 산업으로 유도되고 있어, 기업에게 ESG 경영은 투자를 유치하기 위한 필수적 고려 사항이다. 또한 기업평가의 잣대 역시 재무적 성과뿐만 아니라, ESG와 연관된 비재무적 성과로 확장되고 있으며, 이를 금융 투자기관들이 중요한 평가 기준으로 사용하고 있다. ESG 투자가 활성화됐던 2021년에는 ESG 기업에 투자하는 국내 주식형 ESG펀드의 설정액이 1조 485억원을 기록, ESG 금융은 531조 원을 달성하였으며, 독일 도이체방크는 2030년 기준 전 세계 ESG 투자 자산이 130조 달러(15경 원)로 급증할 것으로 예측하였다.

　　더 나아가 EU와 미국 등의 자국산업보호를 위한 ESG의 규범화 경향에 따라 ESG 경영은 기업의 중장기적 생존의 문제와 직결되고 있다.

　　EU에서는 국가 차원의 탄소규제인 탄소국경조정제도(CBAM)의 도입[시범도입(2023)과 본격도입(2026)], EU 소재 금융기관이 투자 또는 금융 상품을 판매할 때 그 지속가능성에 대하여 어떠한 고려를 하는지, 해당 투자가 환경 등에 어떠한 영향을 미치는지에 대한 정보를 공개하도록 의무화하는 '지속가능금융 공시규제'(SFRD, Sustainable Finance Disclosure Regulation, 2021.3), EU 소재 중소/대기업들의 지속가능성 관련 정보에 대한 공시를 의무화한 '기업 지속가능성 공시 지침'(CSRD, Corporate Sustainability Reporting Directive, 2023.1), 유럽 지역에서 거래되는 모든 종류의 배터리의 디자인, 생산, 폐기 등과 전기차 배터리의 핵심소재에 사용되는 리튬, 코발트, 니켈 등 주요 원료의 재활용 의무를 규정한 EU '지속가능한 배터리법'(2023.6), EU에서 활동하는 역내의 대기업 및 중견기업들을 대상으로 기업에 공급망 내의 인권 및 환경보호와 관련된 부정적 영향을 예방하고, 피해구제절차 등을 포함한 실사의무를 부과한 '기업 지속가능성 실사 지침'(CSDDD, Corporate Sustainability Due Diligence Directive, 2022.2; 2024.7.25. 발효) 등이 있다. EU 주요 각국에서는 네덜란드의 아동노동실사법(2019), 노르웨이의 투명성법(2021), 독일의 공급망실사법(2023) 등의 법률이 시행되고 있다.

미국 역시 바이든 행정부에 들어와 파리협약에 재가입하고, 환경고려 공급망리스크 평가체계구축(2021.1), 반도체배터리 등의 공급망리스크 평가(2021.2), 근로자 단체협약/교섭권한 보호(2021.4), 근로자 다양성(D), 형평성(E) 및 포용성(I) 증진계획수립(2021.6), 인플레이션감축법(IRA, 2022.8) 등을 제정하여 시행하고 있다.

따라서 ESG 경영을 잘하는 기업에 대한 투자증대와 EU 및 미국의 'ESG동맹'에 따른 ESG규범화 경향에 대비하기 위하여 기업의 ESG 경영은 필수적이라 할 수 있다.

이러한 상황에서 국내외 ESG 공시기준 동향을 살펴보기로 한다. ESG 경영이 중시되는 추세에 있고, 기업에는 주식을 보유하고 있는 주주를 비롯하여 투자를 하는 투자자, 거래를 하는 당사자, 회사제품을 구매하는 소비자 등 다양한 이해관계자를 보호하고 신뢰관계를 구축하기 위하여 기업의 재무제표 외에 기업의 비재무적 정보에 대한 공시가 필요하다는 데 공감대가 형성되어 ESG의 대두와 함께 관련 공시의 제도화에 대한 논의가 시작되었다.

EU는 2017년부터 전 세계 최초로 기업의 '비재무 정보 공개의무화 지침'인 NFRD(Non Financial Reporting Directive)를 시행하였다. NFRD는 직원 500명 이상의 대규모 상장 기업과 은행, 보험회사 등 금융권이 환경과 사회에 미치는 영향에 관한 정보의 공시 의무화가 그 핵심적 내용이다. 그 이후 EU는 '비재무'라는 용어가 "ESG는 사업적, 재무적 의의를 가지지 못한다는 오해를 불러일으킬 수 있다"는 점에 착안하고, ESG에 관한 보고가 재무보고와 대등한 중요성을 가진다는 점을 고려하여 NFRD의 명칭을 '기업 지속가능성 공시 지침'(CSRD, Corporate Sustainability Reporting Directive, 2023.1)으로 변경하였다. EU는 유럽재무보고자문그룹(EFRAG, European Financial Reporting Advisory Group)을 EU ESG 공식기준 제정 기관으로 지정하였다. 유럽재무보고자문그룹(EFRAG)은 내부에 지속가능성 기준 제정 기구인 지속가능성보고위원회(SRB)를 설치하여, 지속가능성 보고 지침에 활용할 유럽 '지속가능성 보고 지침(CSRD)' 초안을 발표하고(2022.5), 그 후 수정을 거쳐 유럽 '지속가능성 보고 지침(CSRD)'이 EU 의회와 이사회와 승인을 얻어 (2022.11.28.) 발효되었다(2023.1.5.). 그 구체적인 공시기준인 '유럽 지속가능성 공시기준(ESRS, European Sustainability Reporting Standards)'이 확정되어(2023.7.31.), 공시기업의 자체적인 중대성 평가를 통해 공시 항목과 내용을 기업이 결정할 수 있도록 자율성을 높였다. GRI(Global Reporting Initiative)와 마찬가지로 이중중대성 개념을 채택한 '유럽 지속가능성 공시기준(ESRS)' 기준은 일반 원칙과 기후공시 기준만 제시한 국제지속가능성기준위원회(ISSB) 기준과 달리 일반원칙에서 환경, 사회, 거버넌스에 걸쳐 ESG의 모든 영역을 아우르는 12개 분야의 공시기준을 제시하고 있는데, 일반적인 요구사항을 담은 ESRS1과 필수 공시 항목이 담긴 ESRS2를 제외한 다른 10개의 기준은 공시기업이 자체적인 중대성 평가를 거쳐 공개해야 할 중요한 정보라고 판단하는 정보만 공개하고, 사업모델이나 경영활동과 무관하거나 중요하지 않다고 판단하는 정보는 공시를 생략할 수 있도록 하고 있다. 따라서 EU에 진출한 기업들의 ESG 관련 공시를 의무화하였다. EU 집행위원회 위임을 받은 유럽재무보고자문그룹(EFRAG)은 CSRD가 규정한 지속가능성 공시지침을 구체화한 ESRS 초안을 공개, 최종안을 확정 발표(2023.7.31.)하는 등 ESG 공시규율을 강화하고 있는 추세이다. 더 나아가 EU는 EU 택소노미(Taxonomy)에 따라 일정 규모 이상의 상장 기업이 택소노미 활동에서 발생한 수익, 지출, 운영비를 공시하도록 할 예정이고, 추후 그 비율도 함께 공시할 예정이다.

국제회계기준(IFRS) 재단 산하 국제지속가능성기준위원회(ISSB)는 지속가능성 공시기준 「IFRS5) S1(일반 요구사항) 및 S2(기후 관련 공시)」로 구성된 지속가능성 공시기준을 확정하였다(2023.6.26.).

미국 증권거래위원회(SEC)는 기후리스크의 영향이 사업 모델, 전략, 전망에 미치는 영향에 대한 공시, 거버넌스 공시, 리스크 매니지먼트 공시, 온실가스 배출량 매트릭스 공시 등에 대한 상장기업의 '기후공시 의무화 규정(Climate Disclosure Rule)' 초안을 발표하였다(2022.3.). 이 초안에는 기후변화가 재무에 어떠한 영향을 미치고, 기업이 이를 완화하기 위해 어떠한 지출을 했는지에 관한 재무정보도 공시하도록 하였는데, 이러한 점에서 EU의 택소노미 공시와 유사하다. 미국 증권거래위원회(SEC)는 2022년 4분기에 기후공시 기준 확정을 목표로 준비하여 왔으나 공시기준 적용시기와 방식을 둘러싸고 결론이 나지 않아 2만 4,000여 건의 의견서를 받아 재검토하는 등 1년 이상 연기되었다. 다만, 2024년 3월 6일 기후 공시 의무화 규정 최종안이 통과됨에 따라 2025년부터 미국 증권시장 내 모든 상장사는 재무제표 주석, 정기보고서 및 증권신고서에 기후 관련 정보를 공시해야 하므로(적용 시기는 기업 규모, 공시 항목 별로 다름), 미국에 상장된 국내 주요 기업도 영향을 받을 것으로 예상된다.

'유럽 지속가능성 공시기준(ESRS)'과 GRI가 채택한 '이중중대성'은 투자자 관점에서 중요한 정보뿐 아니라 기업이 환경과 사회 등에 미치는 영향까지 공시해야 한다는 개념이다. 반면에 국제지속가능성기준위원회(ISSB)와 미국 증권거래위원회(SEC) 기준은 투자자 관점에서 중대한 정보만 공시하도록 하는 '금융중대성' 또는 '단일중대성'을 채택하고 있다.

이와 같이 금융선진국이 ESG공시에 대하여 제도화를 준비하자 일본, 캐나다, 호주, 홍콩, 뉴질랜드 등에서도 지속가능성 공시기준을 개발하기 위한 위원회를 발족하여 준비하고 있다.

우리나라의 현행 ESG 정보공시는 ① '기업지배구조보고서 가이드라인'의 10가지 핵심원칙기반으로 공시하는 한국거래소 기업지배구조 공시, ② 'ESG정보 공개가이던스'의 권고지표기반으로 연 1회 이상 공시하는 한국거래소 ESG 정보공시, ③ 에너지, 환경사고, 법규위반, 폐기물, 용수, 녹색경영 등을 환경정보공개검증시스템에 등록하는 환경부 환경정보공시, ④ 정보보호 투자, 전문인력, 인증현황, 정보보호활동에 대한 공시인 과학기술정보통신부 정보보호공시 등으로 분류할 수 있다.

더 나아가 국내 ESG공시 정책의 예측가능성을 제고하기 위해 금융위원회는 코스피 상장사를 대상으로 ESG공시를 단계적으로 의무화하는 방안을 발표하였다. 금융위원회는 2025년부터 2조원 이상의 코스피 상장사에, 2030년 이후에는 전 코스피 상장사에 위와 유사한 내용으로 지속가능경영보고서 공시의무를 부과할 예정이었다. 그런데 갑자기 금융위원회는 2023년 10월 16일 'ESG 금융추진단 제3차 회의'를 열고, 2025년부터 자산 2조 원 이상 코스피 상장사를 시작으로 ESG 공시를 의무화하려던 계획을 주요 국가의 ESG 공시 일정과 ESG 공시를 위한 기업들의 부족한 인력 등을 고려하여 2026년 이후로 연기하되, 구체적인 의무화 시기는 추후 관계부처 협의 등을 거쳐 결정할 예정임을 밝혔다. 또한, 2024년 4월 제4차 ESG 금융추진단 회의 보도자료 등을 통해 국내 ESG 공시 의무화 대상기업 및 도입 시기 등에 대해서도 검토해 나아가겠다고 밝혔으나, 이에 대하여도 ESG 공시 의무화 시기는 확정된 바 없다고 보도자료를 배포하여 국내 ESG 공시 의무화는 확정된 것이 없는 상태가 되었다.

국내 ESG 공시제도 도입은 전 세계적 변화에 따라 글로벌 경쟁력을 갖출 수 있는 제도적 지원이자, 국내 기업이 지속가능한 성장에 기여하고 글로벌 금융시장에서 보다 높은 기업 가치를 인정받고 자금 및 투자 유치를 원활하게 하는 장치이다. 따라서 국내 ESG 공시제도 도입은 ESG 경영을 필연적으로 필요로 하는 국내 기업에게는 선택이 아닌 필수이다.

오늘날 글로벌 자본시장은 기후테크 등 ESG관련 비즈니스의 무형 가치를 높게 평가하고 상당한 프리미엄을 부여하고 있다. 미국 전기차 스타트업인 리비안(Rivian)이 2021년 IPO에서 미국 증권거래소 역사상 여섯 번째로 큰 규모를 기록한 것이 대표적인 사례라 할 수 있다. 리비안은 2009년 설립 이후 차량 인도 실적이 156대 정도밖에 없는 작은 회사임에도 불구하고 2021년 11월 IPO 이후 주가가 급등하여 포드와 GM을 제치고 테슬라에 이어 두 번째로 가치 있는 미국 자동차 회사가 되었다. ESG시대에 보이지 않는 무형 가치 및 비재무정보는 기업가치에 영향을 주는 재무정보가 되고 있다. 그리고 투자자들은 그 보이지 않는 가치에 대한 리스크와 기회 요인에 대한 설명의 책임을 요구하고 있다. 이러한 것을 제대로 준비하기 위한 유형·무형의 정보공시의 중요성을 아무리 강조해도 지나치지 않다고 하겠다.

세계 10대 경제 대국이어서 무역의존도가 매우 높은 우리나라가 EU와 미국의 'ESG동맹'에 따른 무역장벽에 지혜롭게 대응하여 지속가능한 발전을 이루기 위해서는 ESG공시제도를 완벽하게 마련하는 것의 중요성을 아무리 강조해도 지나치지 않다고 하겠다.

피터 드러커(Peter Drucker)가 "측정하지 않으면 관리할 수 없고, 관리할 수 없으면 개선할 수 없다"라고 강조한 바와 같이 ESG 정보공시는 결국 ESG 평가를 위해 필수적 선결요건 임을 명심하고, 금융위원회에서 자산 2조 원 이상 코스피 상장사의 ESG공시를 2026년 이후로 막연히 연기한 것은 바람직한 방향이 아니다. 공시와 평가를 통한 문제개선의 순기능이 훨씬 더 크다고 판단되므로 가능한 한 빨리 공시가 이루어지도록 특단의 조치가 필요하다고 할 것이다.

3

열에너지 분야의 탈탄소화 정책이 필요하다

조용성_고려대학교 교수

우리는 일상생활에서 어떤 에너지를 가장 많이 사용하고 있을까? 아마도 전기가 가장 먼저 떠오를 것이다. 전기는 일상생활과 밀접하게 연계된 다양한 전자제품들을 작동시키며, 밤에는 빛이 되어 우리의 삶을 윤택하게 해준다. 전기 다음으로는 우리에게 편리한 이동수단이 되어주는 자동차의 연료, 휘발유, 경유 그리고 LPG가 대표적이다. 그렇다면 전기와 수송연료는 우리 삶에 필요한 에너지 중 얼마를 차지하고 있을까? 큰 비중을 차지할 것이란 예상과 달리 전기와 수송연료의 비중은 절반에 그친다. 나머지 절반은 열에너지이다. 전기와 마찬가지로 에너지 운반체(energy carrier)의 한 형태인 열에너지는 냉·난방, 급탕(온수), 취사 및 다양한 산업공정 등에 활용되며, 생산되는 열에너지 온도에 따라 저온(100도 미만), 중온(100-400도), 고온(400도 초과)으로 구분된다.

국제에너지기구(International Energy Agency)에 따르면 2019년 기준, 전 세계 최종 에너지소비를 열과 전력, 그리고 수송으로 구분하였을 때, 열은 50%, 수송 30%, 전력 20%로 열에너지가 전체의 절반을 차지할 만큼 매우 중요한 것으로 나타났다. 그런데 이러한 열에너지는 자연생태계에서 직접 얻어지기보다는 석유, 가스, 석탄과 같은 화석에너지를 이용해서 공급되고 있고, 그 비중은 무려 73%에 달하고 있다. 그러다 보니 열에너지를 공급하고 소비하는 과정에서 발생하는 이산화탄소를 줄이지 않고서는 기후위기에 대응하고 2050년 탄소중립을 달성한다는 것은 공염불에 불과하다. 미국 에너지부(U.S. Department of Energy)에 따르면, 미국 전체 CO_2 배출량의 40%가 냉방과 난방(heating and cooling)에서 발생하는 것으로 보고되고 있다. 이에 유럽을 비롯하여 선진국은 열에너지 부문의 탈탄소화를 위한 정책을 수립하고, 그 정책을 이행하기 위한 구체적인 계획과 대안들을 마련하여 선제적으로 대응하고 있다.

그렇다면 우리나라는 어떤 상황일까? 에너지경제연구원에 따르면 2019년 기준, 가정·상업·공공부문에서 사용한 최종에너지의 약 78%가 열에너지 용도로 사용되었고, 산업부문에서는 약 55%가 열에너지 용도로 사용된 것으로 나타났다. 또한 2020년 기준, 전국 2천만 가구의 약 82%는 석탄 혹은 도시가스와 같은 화석연료를 이용하여 난방을 하고 있다. 그러다 보니 가정 부문에서 발생되는 이산화탄소 배출량의 가장 큰 원인은 취사와 난방을 위한 화석에너지의 소비로 분석되고 있다. 이러한 특징은 다른 부문에서도 동일한 문제점으로 지적되고 있다. 화석에너지를 이용하여 열에너지를 공급하고 소비하는 과정에서 발생하는 이산화탄소 배출 문제를 해결하기 위해서는 효과적인 국가열에너지정책이 수립·시행되어야 한다. 하지만 우리의 현실은 기대와 다르다.

현재 국가에너지정책에서 열에너지는 "집단에너지"로만 국한되어 있어, 열에너지의 중요성이 평가 절하되어 있다. 에너지경제연구원의 에너지통계연보에 따르면 2022년 기준, 열에너지는 3,068천toe로 국가 최종에너지 소비량의 단지 1.3%로만 잡히고 있다. 이러한 비현실적인 통계결과가 나타나는 이유는 국가열에너지 통계시스템이 제대로 갖춰져 있지 못한 결과이지만, 그보다 더 근본적인 문제점은 지금까지 열에너지는 전력공급 중심의 에너지정책에서 단순히 보조적 역할에 국한되어 있었기 때문이다. 이러다 보니 우리나라 열에너지정책은 하나의 전략 혹은 계획을 통해 종합적으로 다뤄지기보다는 여러 에너지 계획 속에 일부로 포함되어 부수적 역할에 그쳐 왔다. 2024년 시행된 '분산에너지 활성화특별법'조차도 전력시스템과 전력시장을 중심으로 다뤄지고 있을 뿐 열에너지는 여전히 무관심과 보조적인 위치에 머물러 있다. 이러다 보니 열에너지 공급과 소비 과정에서 얼마만큼의 이산화탄소가 배출되고 있고, 이를 어떻게 효과적으로 줄여나갈지에 대한 대책이 마련되어 있지도 않은 것이 현실이다.

또한 대다수의 집단에너지·열공급사업자는 만성적인 적자에 놓여 있어 온실가스 감축 및 탄소중립을 위한 적극적인 투자가 어려운 상황이다. 대부분의 열공급사업자들은 도시가스를 이용하여 열을 공급하고 있는데 그러다 보니 열요금은 도시가스 요금에 큰 영향을 받고 있다. 또한 열요금은 전기요금처럼 정부와 지자체가 물가안정 명분으로 요금 인상을 통제하고 있다. 2020년 10월부터 2023년 2월 기간 동안 집단에너지·열공급사업자에게 공급되는 가스요금은 250% 인상된 반면, 열요금은 37.8%만 인상되었다. 이렇다 보니 2018년 기준, 총 74개 사업자 중 12개 대규모 사업자를 제외한 중소규모 사업자는 만성 적자 상태에 놓여있다.

이외에도 재생에너지 및 미활용 열 등 탄소중립을 위한 기술 보급과 친환경 연료로의 전환, 히트펌프로의 대체, 국가열에너지지도 작성 및 열에너지DB 구축 등 미래를 위한 선제적인 투자와 열에너지 관련

R&D 확대가 필요하다.

결국, 화석에너지 의존도를 낮추고 지속가능한 저탄소사회로 나아가기 위해서는 열에너지분야의 탈탄소화는 넘어야 할 산이다. 'Better late than never'라는 영어속담이 있다. '늦었다고 생각할 때가 가장 빠를 때다'라는 의미이다. 유럽을 비롯하여 다른 선진국에 비해 늦은 감이 있지만, 지금부터라도 열에너지 개념을 '집단에너지'에서 국가 전체 열에너지로 확장하고 국가차원에서의 종합적인 열에너지정책을 수립하여 단계적으로 열에너지 부문의 조속한 탈탄소화를 지향하는 전향적인 자세가 필요하다.

바이오연료와 온실가스 감축

김기은_서경대학교 교수

　　AI와 Bitcoin이 생활의 중심에 자리 잡고 있는 21세기 오늘날과 미래에도 에너지는 우리의 삶과 생존에 필수불가결한 요소이다. 세계 사회에서 국가의 경쟁력은 물론 미래 전략에서, 무역 관련 국가 간 갈등과 외교 전략에서도 가장 중요한 이슈이며, 동시에 2015년 파리협정 이후, 탄소중립과 기후변화는 자국의 위상과 발전 전략의 중심에 자리 잡고 있다.

　　근대 역사에서 산업혁명의 과정은 오늘날까지 강대국과 약소국으로 변화되고 발전시키는 기초가 되었다. 현재의 선진 강대국들은 선조들이 쌓아놓은 결과들을 발판으로 세계에서 더욱 절대적인 부와 세력을 성취할 수 있었다. 강대국들은 과학과 기술을 산업화하고, 여러 분야의 전문가나 인재들을 전 세계에서 끌어들이며, 국가 경쟁력을 키우며 국가나 영토의 크기와 관계없이 세계를 상대로 강대국의 힘을 더욱 키워왔다. 동시에 전 세계의 젊은이들에게는 도전하며, 일하고 싶은 매력적인 국가가 되어, 더욱 우수한 전문가들이 모여들며 미래를 준비하고 있다. 오천년 역사의 대한민국은 영토를 좁혀 오며 국가의 권리를 잃고, 혹독한 전

쟁까지 거치며 나라가 나누어지고, 피폐한 상태까지 경험하였지만, 다행히도 오늘에 이르러 세계에 우뚝 서고, 인정받는 선진적 국가가 되었으나, 이를 유지하거나 더욱 발전시키려면 많은 노력이 필요하다.

2015년 파리협정에서 우리나라는 2030년 이산화탄소 배출량 5억 3천 6백만 톤 달성과 BAU 대비 37% 감축을 선언하였다. 감축 목표는 국내외로 나누어 실행하는 것을 목표로 하고 있지만, 그동안 국내 감축량 목표가 증가하여 산업계는 더욱 긴장하고 있는 상황이다. 우리나라를 포함한 전 세계가 화석연료에서 에너지 전환시대로 변화하였으나, 우리나라가 목표로 하고 있는 이산화탄소 감축량을 단순히 화석연료 감축이나 재생 가능한 에너지원을 확보하는 것으로 이루어내기는 불가능하다.

이산화탄소 감축을 위한 에너지 정책은 국가의 지리적, 자연적 입지 조건에 맞추어 세워질 것이다. 우리나라는 지리적으로 '반도'에 위치해 있지만, 에너지, 경제와 정치적으로는 '섬'과 다를 바 없다. 유럽 국가들의 경우 에너지 부족과 과잉 상태를 국가 간 적극적인 협력을 통해 해결하며 서로 상생하고 있다. 국가 안보에서 정치, 경제와 에너지는 절대로 분리될 수 없으며, 경제 발전에 필요한 에너지원의 확보는 국가의 안보와 비교될 수 있다. 따라서 국가에너지 기본계획은 국가 경쟁력에도 중요한 의미를 가지고 있다. 여기에서 이산화탄소 감축과 에너지 안보를 동시에 확보할 수 있는 계획과 동시에 고품질의 일자리를 창출하며, 경제 성장에 연계될 수 있는 방안을 세워야 한다. 따라서 이러한 계획에는 다양한 분야에서 다각도의 관점을 감안하며 다루어져야 한다. 특히 하루가 다르게 급변하는 시대에 철저하게 외부의 상태에 의존되어 살아가야 하는 우리나라의 경우, 이에 대한 유비무환을 위한 대비책이 필요하므로 탄소감축을 위한 에너지원 다양화와 이를 위한 산업화에 대한 지속적인 투자가 필요하며, 특히 바이오연료는 산업과 경쟁력의 측면에서 정책적으로 우선 다루어져야 한다.

에너지원 다양화

고열량의 에너지를 생산하며, 이산화탄소를 전혀 발생시키지 않은 완벽한 에너지원은 존재하지 않는다. 에너지 생성과정에서 탄소발생이 안 되어도, 에너지원의 생산과 운반과정에서 온실가스 발생이 동반되거나, 폐기물 처리 과정에서 다른 심각한 환경오염의 문제를 야기시킨다. 재생가능한 에너지의 경우에도 전 생애주기에서 탄소발생을 분석하면 탄소발생에서 자유로울 수 없다. 원자력에너지원은 에너지 생성과정과 온실가스 발생이 무관하지만 우라늄 생산과 이동 등을 따져 보면, 재생가능한 에너지의 경우와 크게 다를 바 없다. 이같이 이산화탄소 발생으로부터 자유로운 완전한 에너지원은 존재하지 않는다. 그렇다면 국가의 상황에 따라 가능한 최적의 에너지 정책에서는 여러 가지 정치 및 경제적 상황과 과학 기술에서 검증된 사실들에 대한 프래그마틱한 이해와 실천이 필요하다.

세계 역사에서 생존과 발전의 과정에서는 늘 정책의 '다양성'과 '유연성'이 주요 역할과 기능으로 기록되었다. 현재와 미래의 에너지 정책에서도 크게 다르지 않을 것이다. 특히 지리적으로나 정치적으로 특수한 상황에서 생존하고 발전해야 하는 우리나라의 경우에는 급변하는 세계정세에 유연하게 대응하려면 에너지원의 다양화를 통해 수입과 소비가 적응될 수 있는 방법이 필요하다. 유가가 오르면 다른 에너지원의 소비를 늘리고, 다른 종류의 에너지원에 영향을 주는 분위기가 예측되면

또 다른 에너지의 소비를 늘릴 수 있는 유연하고 다양한 에너지 정책이 실현되어야 할 것이다. 에너지원의 다양성과 유연성은 서서히 여러 분야에서 준비되어야 한다. 공급 가능한 모든 에너지원에 대한 과학적 분석에서는 각 에너지원의 경제성과 이산화탄소 발생량에 대한 평가, 지역 및 계절별 에너지 수요 데이터를 취합하여 시뮬레이션을 함으로써 에너지 수입과 소비를 통한 상황에 대한 '예측 데이터'를 통한 세밀한 정책이 이루어져야 한다. 빅데이터, 인공지능, 블록체인 등의 기술이 에너지 정책에 활용되어야 하는 이유이며, 정책 혁신의 실현이 필요한 시점이다.

바이오연료

바이오 연료란 유기물에서 추출하거나, 공정을 거쳐 생산되는 고체, 액체와 기체 연료로 정의된다. IPCC에서는 2007년 수력, 태양광, 풍력, 지열과 함께 바이오에너지를 전기, 열에너지와 함께 이산화탄소를 축적할 수 있는 에너지 공급원으로 정의하였다. 바이오연료는 발전과 운송 부분에 화석에너지원을 대체하는 경우 이산화탄소 배출을 줄이고, 동시에 지역에서 생산 또는 발생되는 원료로부터 생산되므로, 지역의 에너지 자립성, 더 나아가서는 국가의 에너지 안보를 높일 수 있는 중요한 요소로도 평가되고 있다. IEA는 2050년까지 디젤, 등유 및 제트 연료에 바이오연료가 대체되어 전체 수송 연료의 27% 정도 차지하게 되어 매년 약 2.1Giga ton(Gt)의 CO_2 배출을 억제할 것으로 평가하였다.

지구상에서 탄소중립 2050에 대한 약속은 피해갈 수 없는 현실이므로, 온실가스 감축에 대한 의무 부담은 본격화되고 있다. 주로 화석연료가 원인이 되는 온실가스의 발생을 억제하려면 친환경, 신재생에너지로의 전환은 필연적이다. 세계 시장에서 이를 위한 국가 간 기술경쟁과 신재생 에너지 생산의 산업화에 대한 투자도 심화되고 있다. 태양광, 풍력, 연료전지 등 다양한 분야들이 신성장동력산업으로 육성되어 기술 수출과 투자 선점이 경쟁적으로 이루어지고 있다. 이러한 경쟁에 뛰어드는 우리나라는 다소 늦은 감이 없지 않아 있었으나, 다행스럽게도 우리나라가 빠르게 실행할 수 있는 신재생에너지 분야에 집중하여 에너지 전환과 신성장동력산업을 연계하여 경쟁력을 키워 나가고 있다. 특히 바이오가스, 바이오디젤, 바이오에탄올, 바이오수소 등 바이오연료 분야는 현지에서 발생되는 유기폐기물을 자원화하여 에너지화함으로써 자국의 에너지 시장의 안정도를 높이고, 국산에너지 공급과 에너지원의 다양화를 통해 국제에너지 시장의 변화에 유연하게 대처할 수 있다.

우리나라와 바이오연료 산업

우리나라에서 2023년은 바이오연료분야에서 가장 의미있는 한 해였다고 평가할 수 있다. 특히 바이오디젤의 경우, 지난 20여 년간 바이오 디젤의 생산과 공급을 위해 고군분투하며 바이오연료의 중요성과 필요성을 끊임없이 설득하며 노력하였다. 많은 전문가들과 기업들의 노력으로 판매되는 디젤에 바이오디젤의 의무혼합비율을 3.5%에서 지속적으로 상향 조정하여 8%까지 확대한다는 결정이 이루어졌다. 동시에 그동안 대표적인 중소기업 업종이었던 바이오 디젤 생산업계는 적극적인 투자와 기업 인수합병을 통해 대기업의 진출도 확산되고 있다. 탄소중립 정책의 관점에서 바이오 연료 소비의 증가와 확산은 매우 환영해야 하나, 문제는 수요가 증가함에 따라, 공급량을 유연하게 증가시킬 수 있는 바이오디젤 공급망을 구축해야 하는 과제와 바이오디젤을 생산할 수 있는 원료 수급의 부담이 현실적으로 남아있다.

국내 바이오디젤은 대부분 폐식용유로부터 생산되고 있다. 우선 치킨, 식당 등 업소에서 캔에 모은 폐식용유를 수거하여 정제공장으로 배달하는 소규모 업종에서 시작된다. 중소기업 규모의 폐식용유 정제유 공장들은 배달되는 폐식용유를 구매하여, 불순물 제거 등 지난한 정제과정을 완료하고, 폐유가 발생된 곳을 인증하는 인증서와 품질 확인을 거쳐 바이오디젤을 생산한다. 대기업으로 분류되는 정유업체들은 이렇게 생산된 바이오디젤을 공급받아. 지정된 혼합률에 따라 디젤에 혼합하여 주유소에 공급한다. 소규모의 수집 및 배달업, 중소규모에 속하는 정제공장과 대표적인 대기업종인 정유업 등 전형적인 생산산업구조를 이루고 있다. 일자리 창출과 전국적으로 발생되는 폐식용유들이 원료화되어 에너지원으로 재탄생되는 '순환경제'구조의 모범적인 형태로 평가되고 있다.

국가적으로도 안정적인 바이오디젤의 생산과 공급은 탄소중립 시대에 매우 필수적이고 중요한 이슈이므로 장기적인 차원에서, 또한 전국적으로 국토 균형발전만큼 전국 단위에서의 계획이 필요하다. 정부에서는 2023년 산업통상자원부·국토교통부·해양수산부를 중심으로 민·관 합동 친환경 바이오연료 활성화 동맹(얼라이언스)를 발족하였고, 여기에 유관기관과 정유·바이오에너지·자동차·항공·조선·해운 등 관련업계도 참여하여 생산과 수요를 위한 공급망을 구축하는 등 바이오연료 활성화를 더욱 촉진될 것이다.

바이오연료의 미래

　　바이오연료의 온실가스 방출은 화석연료와 비교하여 원료 물질과 공정에 따라 20~80% 이상까지 줄일 수 있는 것으로 알려져 있다. 재생 가능한 에너지원들의 이산화탄소 감축에 대한 기여도는 태양광, 풍력 외에 바이오연료의 기여도가 매우 높았고 특히 바이오가스, 바이오디젤과 바이오에탄올 등 모두 사용했을 때 이산화탄소 감축효과도 가장 높았다. 세계적으로 이미 시작되었지만 수송분야 탄소감축 정책으로 수송용 바이오 연료가 재생가능에너지 소비량의 대부분을 차지할 것으로 예상되고 있다. 미국과 EU의 경우, 바이오에탄올, 바이오 디젤, 바이오가스 생산과 공급 인프라도 확대되고 있으며, 중국, 인도 등 아시아국가에서도 지속적으로 투자되고 있다. 바이오연료 소비 증가를 통한 탄소감축 정책이 적극적으로 실현되어 바이오연료 생산량은 지속적으로 증가될 것이므로 다음에는 바이오연료 생산을 위한 원료의 공급이 주요한 과제가 될 것이므로 이에 대한 대비와 준비가 필요한 상황이다. 바이오폐기물이 더 이상 폐기물이 아닌 주요 원료가 되어 바이오폐기물을 대체하기 위한 원료 공급에 대한 정책도 준비되어야 할 것이다.

탄소중립교육: 미래를 위한 필수 과제

남영숙_한국교원대학교 명예교수

　기후 위기는 더 이상 미래의 위협이 아니라 현세대에서 해결해야 하는 인류가 직면한 최대 과제이다. 폭염, 폭설, 폭우 등 기후 변화로 인해 발생하는 극단적인 기상 현상과 자연 재해 등 기후 재난은 인간의 생활과 환경에 심각한 영향을 미치며, 경제적 손실, 인명 피해, 생태계 파괴 등 복잡하고 빠르게 변화되고 있다. 기후 위기 현상은 전 지구적으로 위험수위를 매년 넘어서고 있다.

　스웨덴의 환경과학자인 록스트룀(Rockstrom, J.)이 2009년 처음 제시하였던 지구 위험 한계선은 인류가 안전하게 생존하기 위해 전제 조건이 되는 환경 영역을 9가지로 구분하고 각 환경 영역의 지구 위험 한계선을 설정했다. 9가지 항목에는 기후변화, 성층권의 오존층 파괴, 대기 중 에어로솔 농도, 해양 산성화, 질소·인 같은 영양소의 생물－지구 화학적 순환, 담수 사용량, 토지 이용의 변화, 생물다양성 파괴, 인간이 만들어낸 신물질이 포함되었다. 2015년에는 9개의 환경 영역 중 4개의 영역이 지구 위험 한계선의 안전 영역을 넘어섰다고 발표했으며, 2023년에는 지난 1만 년간 인류문명이 기후가 안정적인 간빙기(홀로세)에서 발전되었는데, "1950년대 이후 크게 가속화된 인간활동은 지구의 홀로세적인 안정적인 기후 및 환경조건을 이탈하게 하여, 지구안전 한계를 이미 완전히 넘어서 있다"고 평가하고 있다. 이는 갑작스러운 환경 변화가 대규모로 진행되어 지구가 원래의 기능을 유지하지 못하고, 결국 인류의 생존을 위협하게 된다는 의미이다. 이처럼 예측하기 어렵고 우리가 이전에 경험하지 못한 기후 위기라는 이 복잡한 현상에 우리가 대처할 수 있는 전 지구적 대응과 역량이 매우 중요하다.

2050 탄소중립은 기후 위기를 극복하기 위한 방안으로서 전 세계적 패러다임으로 대두하였으며, 우리나라도 2020년 탄소중립선언과 함께 2100년까지 지구의 평균 온도 상승을 1.5도 이하로 줄이기 위해 2050년까지 순탄소 배출을 Zero(Net Zero)하겠다는 목표하에 탄소중립 실현을 위한 정책을 수립하여 추진하고 있다. 이러한 탄소중립정책의 재생에너지 사용을 비롯한 에너지 구조의 변화와 탄소제거 및 흡수기술 개발 등 기술적 혁신뿐만 아니라, 인식의 전환과 실천이 중요하다. 특히, 2050년까지 탄소중립 목표를 달성하기 위해 탄소중립을 위한 사회적 변화가 필요하며, 교육이 그 기반이 된다. 국제적으로도 사회적 변화를 위하여 기후 위기, 탄소중립 등의 정책 이슈와 함께 진행된 인식 전환과 실천을 역량 강화를 위하여 탄소중립교육은 중요시 되어왔다. 그렇다면 탄소중립교육은 왜 중요한 것인가?

첫째, 탄소중립교육은 기후뿐만 아니라 환경과 지속가능성 위기에 대한 이해를 증진시킨다. 교육을 통해 탄소중립의 개념, 필요성, 그리고 이에 대한 대응 및 실천하는 방법에 대해 학습함으로써, 관련 기술 개발 동향 및 지속 가능한 사회 구축을 위한 관심과 분위기 조성에 기여할 수 있다.

둘째, 탄소중립교육은 지속 가능한 미래를 위한 행동 변화를 촉진한다. 교육을 통해 실질적인 행동으로 이어지는 소양을 함양하여야 한다. 즉, 에너지 효율성과 탄소발자국 등을 고려한 제품 선택과 구매, 대중교통 이용, 일회용품 사용 줄이는 등의 작은 실천들이 모여 큰 변화를 만들어낼 수 있다. 특히, 학교, 공공기관, 기업 등에서의 탄소중립교육은 집단적인 행동 변화를 유도할 수 있어 그 영향력이 더욱 크게 나타날 수 있다.

셋째, 탄소중립교육은 미래 세대를 위한 필수 과제이다. 기후 재난의 가장 큰 피해자는 현재 아동·청소년인 미래 세대가 될 것이다. 오늘날의 청소년들은 미래의 리더로서, 지속 가능한 사회를 이끌어갈 책임을 지게 된다. 따라서 탄소중립교육은 이들이 기후 변화에 대한 책임감과 문제 해결 능력을 갖추도록 돕는 중요한 도구가 된다. 이는 단순히 환경에 대한 지식 전달 수준을 넘어, 창의적이고 혁신적인 해결책을 모색하는 능력을 키우는 과정이어야 한다.

이러한 중요성에 대한 인식을 바탕으로 우리나라도 탄소중립 교육을 위한 제도적 기반을 구축하였다. '기후위기 대응을 위한 탄소중립·녹색성장 기본법'(탄소중립기본법) 제정 및 교육기본법 제22조의2(기후변화환경교육)의 신설을 통해 기후위기 대응 학교 교육 관련 법적 근거를 마련하였다. 교육기본법에 의하면 국가와 지방자치단체는 모든 국민이 기후변화 등에 대응하기 위하여 생태전환교육을 받을 수 있도록 필요한 시책을 수립·실시하여야 한다(교육기본법 제22조의2항). 생태전환교육은 기후변화, 물 문제, 에너지, 생태계 파괴 등 미래의 환경 및 사회적 변화에 적극적으로 대응하기 위한 교육으로서 인간과 자연의 공존을 강조하며, 지속 가능한 삶을 위한 지식과 태도를 함양하는 데 중점을 두고 있다. 교육기본법에서 제시하고 있는 생태전환교육은 지방자치단체의 특성에 따라 탄소중립교육, 녹색전환교육 등으로 사용되고 있다.

이를 바탕으로 범부처 차원에서 2021년부터 학교환경교육의 일환으로 탄소중립중점학교(2021, 5개교; 2022, 20개교, 2023, 40개교 선정)를 선정·지원하였고, 교육지원청 기능으로 탄소중립시범학교(2022년 102개교, 2023년 340개교) 등을 지원·운영하고 있다. 또한 2022 개정교육과정이 적용되는 2024~2025년부터는 전 교과에 생태전환교육이 포함되고, 탄소중립을 위한 체험 중심 교육활동이 지원될 방침으로 있다. 교원 양성교육에도 탄소중립 교육과정이 편성·운영할 계획이다. 또한 환경부는 '환경교육의 활성화 및 지원에 관한 법률'이 개정되며 2023학년도 1학기부터 초·중학교 학생을 대상으로 환경교육을 의무화하여 실시하고 있다.

이와 같이 인간 생존을 위협하는 기후위기 대응을 위한 다양한 형태의 환경교육으로서 탄소중립교육, 생태전환교육 등 중요성을 인식하고 실천하고 있다. 이러한 교육의 효과를 제고시키고 내실화 방안 강구가 절실하다. 교육의 질은 교사를 능가할 수 없다. 환경교육의 질은 교사의 질에 따라 결정된다는 의미이다. 이에 의하면 교육과정을 개편하고 다양한 실천 프로그램을 진행한다하더라도 이를 이끌어가는 교사의 질에 따라 그 효과는 상이하게 나타날 것이다.

우리나라에서 환경이 선택과목으로 도입된 것은 6차 교육과정이 시작된 1992년이다. 경제개발로 인한 생태계 파괴, 환경오염의 심각성이 사회적으로 논의되기 시작할 무렵이다. '환경'교과목을 가르칠 수 있도록 1996년에 교원양성대학에 '환경교육과'를 설립과 아울러 도입한 환경교사양성제도는 전 세계적으로 자랑할 만한 제도이다. 그러나 학교수준에서의 환경교육은 보건, 진로와 직업 등과 함께 중·고등학교 선택

교과에 포함돼 있지만, 입시 위주 교육환경에서 소외당하는 일이 많다. 2021년 기준 환경 교과목을 선택한 학교는 전국 3,258개 중학교 중 224개교(6.9%), 2373개 고등학교 중 573개교(24.1%)로 중·고교 전체의 14.1%(797개교)에 그친다. 전국환경교사모임(2022)에 의하면, 고등학교의 환경 교과목 채택은 실제로는 자습시간으로 쓰이는 경우가 적지 않다. 그리고 환경 교과목을 선택한 중·고등학교가 797개교 중 담당하고 있는 환경교사는 41명에 불과하고, 그 중 환경 정교사는 24명이고, 17명은 기간제 교사로 분석되었다. 이러한 점을 고려하여 기존의 환경교사 정교사 자격을 가진 교사를 활용한 탄소중립교육의 효과는 제고될 것이다.

기후 및 환경위기에 대응할 수 있도록 탄소중립교육 기반이 구축되어가는 시점에서 교사의 질을 제고할 수 있는 방안이 먼저 강구되어야 할 것이다. 교원양성대학의 교육과정이 전 예비교사를 대상으로 기후 및 환경소양을 함양할 수 있도록 교육과정이 개편되는 것이 필요하다 하겠다. 남영숙(2023)의 초등교원 양성대학의 ESG관련 교육과정 분석 결과 교원양성대학의 경우, 일반 종합대학 특성을 가진 대학교와는 달리 이에 대한 인식 제고 및 도입논의가 미흡하다. 탄소중립 교육과정 도입에 관한 체계적 논의 또한 미흡한 실정이다.

기후위험이 한계점에 도달하고 있는 시점에서 기후 및 환경위기에 대응할 수 있는 탄소중립교육의 질을 담보할 수 있도록 독립과목으로 개설되어 있는 환경교과목의 활용하는 것이 바람직하다. 기후위기, 탄소중립 등은 환경에 대한 시스템 인식과 아울러 이해하는 것이 중요하기 때문이다. 그리고 이러한 교과목을 가르칠 수 있는 교사의 질을 제고시킬 수 있는 기존의 환경교사의 활성화 방안도 강구되어야 할 것이다.

결론적으로, 학교에서의 탄소중립교육은 기후 변화에 대응하기 위한 중요한 과제이다. 그러나 현행 교육의 문제점을 인식하고 교육과정과 교사라는 시스템을 구축하여 미래 세대가 기후위기를 극복하고 지속가능한 사회를 이끌어갈 역량을 함양할 수 있도록 하여야 할 것이다.

PART 3

기후위기와 지속가능한 도시

기후위기 도시해법

김정곤_어반바이오공간연구소 소장

도시는 전 세계적으로 빠르게 성장하고 있다. 현재 세계 인구의 50% 이상이 도시에 거주하고 있으며, 전문가들은 2050년까지 전 세계 인구의 약 80%가 도시에 거주할 것으로 예측하고 있다. 이와 동시에 지구의 기후는 점점 더 심각하게 변화하고 있으며, 도시 인구 집중과 기후 변화는 미래 도시에 거대한 도전을 안겨주고 있다. 도시는 지구 온난화의 불균형적 영향을 받고 있으며, 이러한 현상은 도시의 성장과 밀도의 증가로 인해 더욱 심화된다. 그 결과는 삶의 질 저하, 가치와 장소 매력의 상실, 에너지 소비 증가, 건강 악화, 그리고 생물 다양성 감소 등 광범위한 부정적 영향을 초래한다.

최근 추진되고 있는 '탄소중립' 정책에서 도시 환경에 대한 부정적 영향이 간과되거나 이에 대한 대응이 미흡해서는 안 된다. 탄소중립 정책 역시 궁극적인 목표는 기후 적응 능력, 즉 회복 탄력성을 갖춘 도시를 만드는 데 있기 때문이다. 도시 기후는 일사량, 강수량, 바람과 같은 외부 요인에 의해 결정되는데, 특히 도시 거주자들의 생활에 직접적인 영향을 미치는 소규모 기후 조건인 도시 미기후는 매우 짧은 거리에서도 큰 차이를 보일 수 있다. 절반은 햇빛이 내리쬐고 나머지 절반은 그림자가 드리워진 여름의 거리나 시원한 정원의 모습을 떠올려보면 쉽게 이해할 수 있다. 일사량과 바람 같은 주요 기후 요인은 도시의 조건에 따라 달라질 수 있지만, 더욱 주목해야 할 것은 건물과 이를 중심으로 구성된 지구의 에너지 균형과 특성, 그리고 이들 간의 상호 관계로 인한 공기 순환이 미기후 형성에 결정적인 영향을 미친다는 점이다.

건물 벽, 도로, 보도와 같은 도시의 인공 표면과 달리 식물이 자라는 지역은 기후 조건에 즉각적이고 능동적으로 반응한다. 식물은 태양 복사열을 받으면 광합성을 시작하는데, 이 과정에서 가스 교환이 일어난다. 즉, 이산화탄소를 흡수하고 산소를 방출하며, 물은 증발하여 대기 중으로 방출된다. 이때 물이 액체에서 기체상태로 전환되는 과정에서 주변 환경의 열에너지를 흡수하여 냉각 효과가 발생한다. 이는 마치 수영 후 물기가 증발하면서 몸이 시원해지는 증발냉각 현상과 같은 원리이다. 한편, 도시의 건물은 실제 바닥면적보다 외벽 면적이 2~3배 더 넓다. 특히 밀도가 높은 도시지역의 건물 표면은 지금까지 거의 활용되지 않았던 녹지 공간으로서의 엄청난 잠재력을 지니고 있다. 지상 기반이든 벽 기반이든 이러한 면적을 식물 서식공간으로 활용한다면, 도시 미기후 개선에 상당한 기여를 할 수 있을 것이다.

도시 표면의 대부분은 밀봉(sealed)되어 있다. 이러한 밀봉 지역의 약 절반은 도로, 주차장, 자전거도로, 보도와 같은 교통 인프라가 차지하고 있으며 이들은 대부분 아스팔트나 콘크리트로 덮여 있다. 도시의 수문 균형(water balance)은 이러한 도시 특성과 기후 조건에 크게 영향을 받는데, 특히 밀봉 표면의 비율이 높을수록 강우 시 빗물의 지표 유출이 급격하게 증가한다. 또한, 혼잡한 도로의 빗물은 배기가스, 브레이크, 타이어 마모 등으로 인해 심각하게 오염된다. 이러한 도로 유출수에는 중금속과 탄화수소 등 유해 물질이 포함되어 있어 지하수와 지표수의 수질을 위협할 수 있다.

최근 유럽은 심각한 폭염으로 탄소중립을 유지하는 데 필수적인 토양과 나무의 탄소 흡수 기능이 점점 약화되고 있다. 이러한 급격한 변화는 파리기후협약의 기후 모델에서 예상하지 못한 현상임에도, 지구 온난화의 가속화를 예고하고 있다. 독일의 경우, 제2차 세계대전 이후 벌채된 숲을 복구하기 위해 성장 속도가 빠르고 목재 생산에 적합한 가문비나무를 대량으로 심었지만, 최근 가뭄과 해충 피해로 대부분 고사하고 있다. 단일 재배된 숲은 생물 다양성이 낮아 혼합숲에 비해 가뭄 등의 기후 스트레스에 매우 취약하다.

이처럼 지금의 도시들은 기후변화에 대응하기 위해 에너지 문제를 넘어 다양한 장애 요소에 직면해 있다. 많은 과학자들은 지구 시스템의 회복력이 약화되고 있다고 경고하며, 가뭄이나 산불 같은 외부 압력이 줄어들 경우 토양은 다시 탄소를 흡수할 수 있을 것으로 보고 있다. 118개국 이상이 기후 목표를 달성하기 위해 토지의 탄소 흡수 기능에 의존하고 있는 만큼, 자연 생태계 없이는 순 제로 목표를 달성하는 것이 불가능하다. 대기 중 탄소를 대규모로 제거할 기술이 없는 한, 지구의 광대한 숲, 초원, 이탄 습지, 바다가 인간이 배출한 탄소를 흡수할 수 있는 유일한 선택지로 남아있다.

최근 수십 년 동안 인간 활동으로 인해 생태계가 훼손되고 생물 다양성이 감소하면서 인류의 복지와 미래는 점점 더 큰 위험에 노출되고 있다. 이러한 생태적 위기는 유럽 내 보호 서식지의 81%가 불량 상태라는 결과로 이어졌으며, 기후 변화로 인해 부정적 피드백 루프(negative feedback loop)가 형성되어 문제를 더욱 악화시키고 있다. 기온 상승과 강수량 변화는 생물 다양성 손실을 가속화하고 생태계를 붕괴시키는 한편, 지속 불가능한 자원 사용과 환경 훼손은 자연의 탄소 저장 및 흡수 능력을 떨어뜨리며 도시와 농촌 지역의 기후 적응력을 약화시키고 있다. 이처럼 기후 위기와 생태 위기는 서로 깊이 연관되어 있으며 이는 유럽 경제의 자연적 균형과 지속가능성, 회복탄력성에 중대한 위협을 가하고 있다. 실제로 농업, 에너지, 어업, 건설, 물 공급, 식품 가공 등 모든 산업은 자연 생태계의 건강과 서비스에 크게 의존하고 있다.

유럽 위원회(European Commission)는 생태적 불균형과 극심한 기상 현상의 증가가 자원 공급, 생산성, 운영 비용 등에 부정적 영향을 미친다고 보고 있다. 그러나 자연 복원에 1유로를 투자할 경우 유로당 8~38 유로의 이익을 창출할 수 있으며 자연 기반 제품과 서비스가 기업에 연간 최대 10조 달러의 경제적 가치를 가져올 잠재력이 있다고 평가했다. 세계경제포럼(World Economic Forum)은 이처럼 환경 보호가 단순히 가치 있는 것에 그치지 않고, 세계 경제에 막대한 기회를 제공할 수 있다고 강조하고 있다.

유럽 위원회는 또한 EU의 모든 육상 및 해양 지역을 대상으로 생태계, 서식지, 생물종 복원을 목표로 하는 자연복원법(Nature Restoration Law)을 2024년 8월 18일부터 시행했다. 이 법은 2030년까지 보존 상태가 좋지 않은 육상 및 해양 서식지의 30%, 2040년까지 60%, 2050년까지90%를 복원하는 목표를 설정하고 있으며, 법 시행 후 2년 내에 각 회원국이 자국 내 보존 필요성을 평가하고 복원 계획을 수립하도록 규정하고 있다. 또한, 이 법은 농업 및 입업 분야에서 생물다양성 보존과 수분 매개자 보호를 위한 중요한 지표를 포함하고, 2030년까지 30억 그루의 나무를 심는 목표도 제시하고 있다.

지구 표면의 약 3%를 차지하는 도시는 전 세계 인구의 절반 이상이 거주하며, 세계 탄소 배출량의 약 4분의 3을 차지하고 있다. 기후변화의 심각한 영향을 고려할 때 이러한 수치는 우려를 자아낼 수 있지만, 도시의 규모와 영향력 덕분에 도시에서의 친환경적 조치는 전 세계에 긍정적인 영향을 미칠 수 있으며, 다른 도시와 사람들에게도 지속가능성을 실천하도록 영감을 줄 수 있다.

스위스 바젤은 2002년부터 모든 신축 건물에 녹지 공간 조성을 의무화한 세계 최초의 도시로, 이를 통해 습기를 줄이고 여름철 건물의 빠른 냉각이 가능하다. 바젤에서는 법 시행 이후 100만 제곱미터 이상의 녹색 지붕이 조성되었고 도시공간 '녹화'의 선도도시가 되었다. 이 정책은 기후변화로 인한 에너지 소비와 온도 상승 문제를 해결하기 위해 고려되지 않던 공간을 활용한 지속가능한 솔루션으로 추진되었다.

멜버른시는 도시 숲의 회복력을 높이고 도시 온도를 4°C 낮추기 위한 목표로 'Grey to Green' 프로그램을 추진하고 있다. 이 프로그램은 잉여 도로 공간, 주차장, 슬립 차선, 유지 관리 창고 등 의회가 소유하거나 관리하는 부지를 재구성하여 35년간 80헥타르 이상의 아스팔트를 다양한 공공 공간으로 전환했다. 2018년에서 2022년 사이 12개의 주요 프로젝트를 통해 28,000m² 이상의 새로운 보행자 및 녹지 공간이 조성되었으며, 최근에는 주차장 제거, 도로 폐쇄, 부지 인수, 선형 거리 공원 및 이전 학교 운동장을 공공 공간으로 전환하여 주요 공원을 확장하는 내용이 포함되었다. Grey to Green 프로그램은 기후변화 영향에 대한 인식을 확대하고, 2012년 도시의 도시 숲 및 오픈스페이스 전략, 도시 속 자연 전략, 교통 전략의 개발을 지원했다. 2019년 멜버른 의회가 기후 및 생물 다양성 비상사태를 선언하면서, 이러한 전략적 목표를 실현하려는 의지를 더욱 확고히 했다. Grey to Green은 비용 효율적이고 환경 친화적인 혁신적 모델로, 어떤 도시에서도 재현할 수 있는 접근 방식이다.

전 세계적으로 대규모 자연 손실이 진행되고 있는 가운데, 많은 도시들은 도시의 오픈 스페이스를 보호하고 확장하며 지역사회를 재야생화(rewild)할 방법을 찾고 있다. 도시 재야생화(Urban Rewilding)는 자연적 요소를 도시 환경에 복원하고 통합하여 지속가능하고 생물학적으로 다양한 도시를 만드는 것을 목표로 시작되었다. 이 개념은 비교적 새롭지만, 이미 싱가포르의 가든스 바이 더 베이(Gardens by the Bay), 노팅험의 브로드마시 쇼핑센터(Broadmarsh Shopping Center), 호주 시드니의 원 센트럴 파크(One Central Park), 독일의 데사우와 프랑크푸르트, 스페인 바르셀로나, 미국 뉴욕 등 여러 도시에서 성공적으로 시행되고 있다. 도시 재야생화는 도시에 토착 식물을 재도입하거나, 빈 공간에 공원을 조성하고, 새로운 건축물을 지을 때 생물학적 설계를 반영하며, 자연이 도시 공간을 되찾도록 하는 다양한 방법을 포함한다.

지구상의 4분의 3에 해당하는 육지가 인간의 활동으로 상당한 영향을 받았다. 도시화는 계속해서 증가하고 기후 변화는 더욱 심각해지면서 건강한 자연환경에 의존하는 것이 점점 더 어려워지고 있다. 생태계 서비스에는 우리가 호흡하는 산소를 생산하는 나무, 먹는 작물을 수분하는 벌, 마시는 물을 정화하는 습지 등이 포함된다. 자연을 회복하고 생물 다양성을 강화하는 것은 우리가 살아가는 지역사회와 그 안에 사는 사람과 야생 동물이 기후 위기에 대해 회복력을 갖도록 돕는 데 필수적이다.

건축과 기후위기

고은태_중부대학교 교수

　건축은 의복과 함께 인류 역사에서 가장 오래되고 가장 밀접하게 기후와 관련을 가져온 인간 활동이다. 건축의 출발점 자체가 기후, 보다 정확히는 인간의 삶을 위협하는 외부 환경으로부터 스스로를 보호하기 위한 것이었다. 비와 눈을 피하기 위해 지붕이 만들어졌고 찬바람을 막기 위해 벽이 세워졌다. 햇빛을 받아들이기 위해 창이 만들어졌다. 이러한 일련의 건축 요소는 외부의 적으로부터 안전을 도모하려는 목적과 함께 기후의 영향을 최소화하여 안락한 공간을 만들기 위한 것이다. 따라서 건축의 가장 중요한 목적은 건물에 의해 한정되는 공간, 즉 실내에 일종의 인공적인 미세 환경을 창조하기 위한 것이라고 말할 수 있다.

　기술이 발전하면서 건축 역시 각 지역의 기후에 따라 분화해갔다. 더운 지역과 추운 지역 그리고 우리나라처럼 사계절이 뚜렷한 곳에서는 각각 다른 형태의 건축이 출현했고 건조한 지역과 비가 많은 지역, 눈이 많이 내리는 지역, 물이 많은 지역의 건축은 각각의 기후에 적응하기 위해 서로 다른 모습으로 발전해갔다. 아주 오랫동안 기후는 건축의 형태를 결정하는 가장 중요한 요소였다. 이와 함께 단순한 외부 환경으로부터의 보호를 넘어 보다 적극적으로 기후에 대응하고 쾌적한 실내 환경을 만들어내기 위한 시도들이 함께 했다. 건축 역사의 가장 초기부터 추위에 대항하기 위한 다양한 방식의 난방 시설이 도입되었고 실내의 어둠을 몰아내기 위한 조명이 사용되었다. 전기의 도입은 건축의 모습에도 큰 변화를 가져왔다. 냉방이 보편화되었으며 실내 공기의 질을 조절하거나 적정한 소음 수준을 유지하려는 노력까지 도입되었다. 이제 인류는 건축 내부 공간의 환경을 거의 완벽하게 통제할 수 있게 되었다. 남극에 건설된 각국의 기지들은 건축이 남극 대륙까지 사람이 장기적으로 거주할 수 있는 곳으로 만들 수 있음을 보여 준다. 이런 점에서 건축은 기후 자체를 통제하려는, 아직 성공하지 못한 시도를 제외하고는 인간이 기후에 대항하려는 노력의 가장 성공적인 결과물이다.

기후변화와 건축

시간이 흐르면서 건축은 거꾸로 기후에 영향을 미치게 되었다. 인구가 폭발적으로 증가하면서 사람들이 사용하는 주거 건축의 면적이 함께 늘었고 문명의 발전으로 사회의 유지에 훨씬 더 많은 종류의 건물이 필요하게 되었다. 기술의 발전과 함께, 건축에 요구되는 내부 환경의 수준도 급격히 올라갔다. 건축이 인간이 거주하는 지구 표면을 뒤덮게 되면서 건축이 주위 환경에 미치는 영향 역시 기하급수적으로 증가했다. 이제 건축은 환경 그 자체에 엄청난 부담을 주는 존재가 되었다. 기후변화에 있어서도 건축은 다른 부문을 제치고 가장 많은 탄소를 배출하는 부문이 되었다.

건축이 전체 탄소 배출량에서 차지하는 비중은 계산에 따라 약간의 차이가 있지만 대체적으로 비슷한 결과를 보여준다. '국제연합환경계획(UNEP)'은 2021년 기준으로 전 세계의 탄소 배출 중 건축이 차지하는 비중을 37%라고 발표했다. 이와 함께 인구와 부가 성장하면서 2060년까지 인류가 필요로 하는 건축의 바닥면적은 현재의 두 배에 이를 것으로 전망했는데, 이것은 5일마다 파리 시 규모에 맞먹는 건물을 추가하는 것과 같다. '세계그린빌딩협의회(World GBC)'는 건축이 전 세계 탄소 배출량 중 39%에 책임이 있다고 추산했으며 비영리 독립 기구인 '건축 2030(Architecture 2030)'은 건축의 배출하는 탄소가 전체의 35%라고 발표했다. 건축은 전 세계적으로 전체 탄소 배출량의 1/3을 훌쩍 넘는 탄소를 배출하는 부문이며 기후변화에 있어서 매우 중요한 역할을 하고 있음을 알 수 있다.

건축의 탄소 배출량은 다시 세 가지로 나눌 수 있다. 첫째는 건물을 짓는 과정에서 배출되는 탄소로 여기에는 건축에 사용되는 각종 재료의 생산 단계에서 배출되는 탄소가 포함된다. 둘째는 건물을 이용하는 운영 단계에서 배출되는 탄소로 각종 냉난방 등에 사용되는 에너지의 소비에서 발생하는 탄소가 포함된다. 셋째는 건물을 철거하는 단계에서 배출되는 탄소인데 여기서 나오는 탄소는 다른 두 단계에 비해 비교적 적은 양이다. 따라서 건축의 탄소 배출을 이야기할 때에는 주로 건설 과정(내재탄소)과 이용 과정(운영탄소) 두 가지를 살피게 된다. 위에 있는 수치는 이를 모두 합한 것이지만 건설 과정의 탄소 배출량을 정확히 계산하기 힘들기 때문에 시멘트, 철, 강철, 알루미늄 등 제조 과정에서 집중적으로 탄소를 배출하는 재료의 사용량만 계산한 경우들이 있기 때문에 실제 건축의 탄소 배출량 비중은 위의 수치보다 다소 높다고 보아야 한다. 일반적으로 건설 과정과 이용 과정의 탄소 배출량은 대략 전체 배출량의 1/3과 2/3를 차지한다고 평가된다.

한국의 경우도 이런 상황은 크게 다르지 않다. 국토교통부의 자료에 따르면 건물 부문이 전체 탄소 배출량의 24.7%를 차지하는데 이것은 이용 과정의 배출량만 계산한 것으로 보이고 다른 자료들을 참고하면 한국 역시 전체 탄소 배출량의 30% 혹은 그 이상이 되는 것으로 추정된다. 이 수치는 전 세계를 대상으로 한 자료보다는 다소 낮지만 이는 한국의 산업 구조가 탄소 배출이 많기 때문에 상대적으로 낮게 보이는 것일 뿐 건축 부문의 배출량이 낮기 때문은 아니다. 한국의 일인당 배출량은 세계 20위권이며 세계 평균보다 약 두 배가량을 기록하고 있다. 또한 한국에서 새로 지어지는 건물은 사실상 거의 모두가 제조 과정에서 탄소를 집중적으로 배출하는 시멘트, 철근, 철골 등을 주재료로 하기 때문에 건설 과정의 탄소 배출 역시 상당히 높다고 보아야 한다. 겨울이 춥고 여름이 더운 기후로 인해 건물 이용 과정의 탄소 배출량 역시 높아질 수밖에 없는 것이 한국의 건축 환경이다. 건설산업연구원 자료에 의하면 한국 역시 건설 과정과 이용 과정의 탄소 배출량은 대체로 1:2를 유지하는 것으로 나타난다.

그러니까 세계적으로 그리고 한국에서도 건축은 가장 많은 탄소를 배출하는 부문이며 그 결과 기후변화와 기후위기의 중요한 원인이 된 것이다. 물론 이런 상황에 대해서는 다소의 변명이 가능하다. 앞에서 살펴본 것과 같이 지구의 기후는 인간의 살기에는 좀 가혹한 측면이 있다. 그 결과 인간의 거의 모든 삶은 건물 안에서 이루어진다. 자고 먹고 씻고 활동하는 인간 행위의 대부분을 수용하는 것이 건축이다. 그런데 지구 위의 인구는 매우 빠르게 늘어났고 이들 모두에게는 각자 집과 활동할 공간이 필요하다. 이것은 인간다운 삶을 위한 최소한의 조건이다. 게

다가 인류의 발전은 필연적으로 건축 공간에 더 높은 기후 조절 능력과 더 쾌적한 실내 환경을 요구한다. 그런 점에서 인간의 삶을 담는 건축이 대량의 에너지를 소모하고 많은 탄소를 배출하게 된 것은 자연스러운 결과이다. 만일 건축이 없었다면 우리는 아직도 모닥불에서 크게 다르지 않은 난방을 하고 있을 것이다. 아무리 발전한 첨단 모닥불이라고 해도 건물 없이 야외에 켜놓은 난방이나 냉방이라면 당연히 지금보다 훨씬 많은 에너지를 사용하고 탄소를 배출할 수밖에 없다. 그런 점에서 건축은 우리가 쾌적함을 얻으면서도 탄소 배출량을 크게 줄이는 역할을 하는 셈이다. 그러니까 건축을 단순히 기후변화의 주범으로 몰아붙일 수는 없다.

그러나 기후위기 상황에서 이런 추세가 계속될 수는 없다. 앞으로도 더 많은 공간이 필요하고 더 많은 건물이 지어지는 것은 피할 수 없는 일이므로, 지금처럼 건축이 대량의 탄소를 배출하는 것이 지속되면 인류는 매우 심각한 상황을 맞게 될 것이다. 따라서 사람들에게 적절하고 쾌적한 공간을 제공하면서도 더 적은 탄소를 배출하고 궁극적으로는 탄소를 배출하지 않는 방법을 발견하고 실천하는 것이 건축에 요구되는 당면 과제이다.

기후위기에 대응하는 건축

기후위기 문제가 중요하게 부각되기 전에도 건축이 환경에 미치는 악영향을 줄이고 지속가능한 건축을 달성하려는 노력은 친환경건축이나 녹색건축과 같은 이름으로 지속되어 왔다. 다만 이 시기에는 에너지와 자원의 절약, 폐기물 등 환경오염을 줄이려는 것이 초점이 맞추어져 왔다면 기후위기가 가장 중요하게 부각된 지금은 탄소 배출량 감축으로 초점이 옮겨졌다는 차이가 있다. 물론 에너지나 자원의 사용은 탄소 배출과 직결된 문제이기 때문에 이 둘 사이에 큰 차이가 있는 것은 아니지만 세부적인 사항 혹은 당면한 우선순위에서는 다른 점이 있을 수 있다. 지속가능성과 탄소 저감을 위한 건축의 노력은 건물의 이용 단계와 건설 단계로 나누어 다양한 측면에서 진행되고 있다. 이런 노력들에 대해 간략히 알아보자.

기후위기에 대응하기 위한 건축의 전략 중 이용 단계의 탄소 배출을 줄이는 우선적인 방법은 건물의 에너지 효율을 높이는 것이다. 패시브 건축이 대표적인 경우인데 채광, 환기, 단열 등 기본적인 건축요소를 활용하여 에너지 사용을 줄일 수 있는 건물을 설계하는 것이다. 예를 들어 건물의 단열을 강화하고 여름엔 그늘을 만들면서 공기가 순환할 수 있게 하면 냉난방에 들어가는 에너지를 절약하고 그 결과 탄소 발생도 그만큼 줄일 수 있게 되는 것이다. 건물의 형태나 공간의 배치, 벽체의 두께 등을 조절하면서 단열재를 더 두껍게 배치하면 동일한 실내 환경을 유지하는 데 필요한 에너지를 절약할 수 있다. 또한 고성능 자재, 예를 들어 특수한 유리를 사용함으로써 창문이나 벽을 통한 열 손실을 줄일 수 있다. 별도의 기계 장치나 설비를 필요로 하지 않으면서 건물의 탄소 발생을 줄인다는 점에서 가장 기본적이면서 효과적인 방식이다. 비록 충분한 검토를 거치지 않았던 것으로 보이지만 뉴욕에 유리와 철로 된 건물을 금지하겠다고 했던 뉴욕 시장의 발언 역시 이런 맥락에서 볼 수 있다.

이와 더불어 건물에 적용되는 수많은 설비 시스템을 개선하는 것도 진행 중이다. 더 효율이 좋은 조명, 냉난방기, 조리기구, 온수 시스템

등은 에너지 사용을 축소하여 탄소 발생을 억제한다. 각종 설비의 에너지 공급을 가스나 다른 연료에서 전기로 바꾼다면, 이것 역시 탄소 감축에 도움이 된다. 물론 친환경 전기의 공급이 충분히 늘어난다는 것을 전제로 한다. 더 나아가 건물 자체가 에너지를 생산할 수도 있다. 태양광을 비롯해서 지열을 이용한 시스템, 폐열회수 장치 등을 건축에 활용하면 건물의 에너지 사용과 생산의 합이 0이 되는 제로에너지 건축물에 도달할 수 있다. 여기에 더해 스마트 건축 역시 도움이 된다. 건물 외부의 날씨를 인식해서 이에 따라 태양열을 받아들이는 정도나 환기를 조절해주고 사람이 방 안에 있는지 인식해서 실내 조명이나 냉난방을 조절하는 등 스마트 건축은 건축의 탄소 배출을 억제하고 에너지 효율을 극대화하는 데 도움이 된다.

건물의 건설 단계에서 발생하는 탄소를 줄이는 것 역시 매우 중요하다. 한국은 재료의 제조 과정에서 탄소를 많이 배출하는 철근콘크리트 구조가 대부분을 차지하고 있기 때문에 더욱 그렇다. 이를 위한 첫 번째 단계는 기존 재료, 특히 시멘트와 철근, 철골 등을 만들 때 발생하는 탄소를 줄이기 위해 노력하는 것이다. 이런 재료들의 특징은 제조할 때 고온을 필요로 한다는 것인데 당연히 그 과정에서 막대한 탄소가 발생한다. 시멘트 생산 시 특정 연료를 감축하고 콘크리트의 재료를 변화시키는 등으로 탄소 발생을 줄이려고 하고 있다. 기존 재료의 생산 방식 변화뿐 아니라 성능을 높이는 것도 결과적으로 탄소 저감에 도움이 된다. 이전과 다른 새로운 친환경적 건축 재료들 역시 속속 출현하고 있는 상황이다.

건축 재료와 관련해 현재 세계적으로 가장 주목 받고 있는 것은 목재를 사용하는 것이다. 나무는 자라날 때 탄소를 배출하지 않으며 오히려 공기 중의 이산화탄소를 다량 흡수한다. 이런 나무를 목재로 만들어 건축에 사용하면 해당 목재가 폐기되지 않는 한 흡수한 탄소를 그대로 붙잡아두는 효과가 있어서 탄소 배출 면에서 다른 일반적인 건축 재료와는 비교할 수 없는 강점을 가진다. 다만 목재는 건축 재료로 가지는 여러 장점에도 불구하고 단점도 있는데, 이런 단점을 보강하여 활용하는 방법이 연구, 실행되고 있다. 목재가 건축에서 가장 취약한 부분은 고층 건물에 사용할 수 없다는 점이었는데 목재를 특수 가공하는 방법을 개발하고 이를 효과적으로 적용할 수 있는 구조 방식이 개발되면서 세계적으로 목조 고층 건물이 속속 등장하고 있다. 예를 들어 미국의 밀워키에는 2022년 25층의 목조 주거 건축이 완성되었다. 목재는 현재 건축의 탄소 배출을 크게 줄일 수 있는 재료로 전 세계적인 기대를 모으고 있다.

재료뿐 아니라 시공 방식에 있어서도 변화가 이루어지고 있다. 대부분의 공사가 현장에서 이루어지는 현재의 철근콘크리트 공법을 개선해서 주요 부분을 공장에서 생산하고 현장에서 조립하는 모듈러 건축은 건설업의 제조업화라고 이해할 수 있는데 공사기간을 단축하고 품질을 높일 수 있을 뿐 아니라 공사 중에 발생하는 탄소의 양도 줄일 것으로 기대된다. 이와 함께 정부가 추진 중인 스마트 건설 역시 탄소 배출 억제에 기여할 것으로 예상된다. 더 나아가 3D 프린터와 같이 완전히 혁신적인 건설 방식의 도입도 시도되고 있다. 다만 이러한 건설 과정의 변화는 현재 진행 중이기 때문에 그 성공 여부는 좀 더 지켜봐야 할 것이다.

이 외에도 건설과정의 탄소 발생을 줄이는 가장 근본적인 방법 중의 하나는 건물의 수명을 늘리는 것이다. 한번 지어서 더 오래 쓸수록 새로 건물을 지을 필요가 적어지기 때문에 건설 과정의 탄소 배출은 크

게 줄어들 수밖에 없다. 이를 장수명 건축이라고 한다. 또한 건물 설계
단계에서 미리 주요 자재의 재활용이 가능하게 함으로써 건물의 수명이
끝난 후에도 자재를 다른 건물을 짓는 데 활용하면 폐기물을 줄일 뿐
아니라 새 자재를 생산할 때 발생하는 탄소를 억제할 수 있다. 가까운
거리에 필요한 시설을 위치시키는 압축도시(콤팩트 시티)나 도시의 효율
성을 높이는 스마트 시티는 그 자체로도 친환경을 목표로 하지만 건축
의 탄소 배출 저감에도 도움이 된다. 예를 들어 교통수단을 이용해야 하
는 일이 줄어들고 교통수단이 상당수 스마트한 대중교통 혹은 자율주행
공유차량으로 대체된다면 각 건축물에 필수적으로 설치해야 하는 주차
구획도 줄어들 수 있다. 에너지 공급망에 스마트 그리드와 스마트 미터
가 적용되면 건축물의 에너지 사용 역시 더 효율화될 수 있다. 한편 공
공공간이 지금보다 다양화되고 늘어나서 집에서 하던 일을 공공공간에
서 처리하게 되면 개별 주택의 공간 수요 역시 줄어든다. 또한 자연이
도시 내에 적극적으로 도입되면 건축물의 여름철 냉방수요가 줄어들고
물순환에도 도움이 된다.

이런 다양한 방법으로 건축의 탄소 배출량을 줄이려는 노력이 현
재 진행 중이다. 일부는 시험 단계지만 상당수는 이미 현장에 적용되거
나 적극적으로 권장되고 있다. 이를 통해 한국은 2030년까지 건축물에
서 배출되는 탄소를 32.8% 감축하려고 하고 있으며 부분적으로는 탄소
배출량 감축에서 성공적인 결과를 보여주고 있다. 결국 다양한 시도들
에 사용된 기술의 완성도, 건축에 적용되었을 때의 실용성, 경제적 적합
성에 따라 그 성패가 결정될 것이다.

기후위기의 시대, 건축이 직면한 도전

이상으로 기후와 건축의 관계, 건축이 기후변화에 미친 영향 그리고 기후위기에 대응하는 건축의 노력 등을 간략하게 알아보았다. 마지막으로 기후위기 시대의 건축이 직면한 중요한 도전들에 대해 생각해보자.

가장 큰 도전은 기후위기 대응의 시급성과 건축이 가지는 긴 수명 사이의 문제이다. 건축은 우리가 일상 생활에 꼭 필요한 물건들 중에서 가장 비싸기도 하지만 동시에 가장 긴 수명을 가진다. 이것은 기후위기와 같이 시급한 문제에 대응하는 데는 큰 장벽이 된다. 2050년이 되어도 현재 존재하는 건축의 80%가 그대로 사용되고 있을 것이라고 한다. 이는 다시 말해서 지금부터 2050년까지 제로에너지 건축만 짓는다는 ― 사실상 현실성이 없는 ― 목표를 달성한다고 해도 건축에서 배출되는 탄소의 양은 크게 줄어들지 않는다는 것을 의미한다. 수명이 짧은 물건이었다면 이런 노력 정도로 배출량을 줄이고도 남았을 것이다.

그래서 정부는 그린리모델링 등의 정책을 통해 기존 건축물의 탄소 배출량도 함께 줄이기 위해 노력하고 있다. 그러나 기존 건축물을 리모델링하는 것이 효과는 있지만 그 결과 줄어드는 탄소 배출량에는 한계가 있을 수밖에 없다. 제로에너지 건축을 염두하고 설계한 건물과는 구조나 재료 등에서 기본적인 차이가 있기 때문이다. 게다가 2023년 기준으로 전국에는 건축물이 총 7,391,084동 존재하며 전체 바닥면적은 42억 27백만㎡에 이른다. 이 엄청난 규모 중 얼마를 리모델링할 수 있을까? 매년 10만 동을 리모델링 해도 74년이 걸린다. 이건 너무 늦다.

또한 앞에서 본 건설 단계와 이용 단계의 배출량 사이의 문제가 있다. 건설 단계의 배출은 이용 단계의 배출에 비해 대략 반 정도 밖에 안

되지만 짧은 기간에 한꺼번에 배출되는 양이다. 이용 단계의 배출량은 수십 년에 걸쳐 나눠서 배출되는 양이다. 문제는 이용 단계의 배출량을 줄이기 위해 신축이나 리모델링을 할 경우 건설 단계의 배출이 먼저 발생한다는 것이다. 한꺼번에 다량의 탄소가 배출되고 매년 조금씩 탄소 저감 효과가 생기는 것이다. 그러므로 건설 단계의 배출을 만회하기 위해서는 상당한 기간이 소요된다. 이에 비해 탄소 배출 저감의 목표 연도인 2030년이나 2040년도는 너무 빨리 도래한다. 그러니 기껏 이용 단계의 탄소 배출을 줄여도 2030년을 기준으로 하면 건설 단계의 배출 때문에 전체 탄소 배출은 오히려 증가하는 상황이 발생할 수도 있는 것이다. 극단적으로 말해서 한쪽의 탄소 배출을 다른 쪽으로 전가하는 결과가 될 수 있는 것이다. 물론 그렇다고 그냥 가만히 손 놓고 있을 수는 없다. 이런 문제를 피하기 위해서는 전체적인 탄소 저감 일정을 고려한 매우 정교한 계획이 필요하다. 단순한 탄소 저감 규모만 생각하는 것이 아니라 시간대별 탄소 배출량 조절을 고려해야 하는 것이다.

건축이라는 산업 생태계의 문제도 있다. 앞에서 기후위기 시대에 주목받는 재료는 목재라고 이야기했다. 그러나 목재를 건축의 주 재료로 도입하는 것은 쉬운 일이 아니다. 특히 한국처럼 목조건축이 드문 상황에서는 더욱 그렇다. 철저하게 철근콘크리트 혹은 철골 중심의 건축이 이루어지고 있는 건축 환경에서 목재를 도입하기 위해서는 이를 잘 활용할 수 있는 설계 전문가에서 시작해서 다양한 목재 상품의 공급 체계와 현장에서 목재를 다룰 수 있는 기술자에 이르기까지 산업 전체의 변화가 필요하다. 기후위기를 당면한 우리가 시간과의 싸움에서 이기는 것은 쉬운 일이 아니다.

마지막으로 기후위기 자체가 가져오는 도전이 있다. 애초에 가혹한 기후에 대응하는 것이 건축의 중요한 존재 이유라고 했다. 그런데 기후위기는 더욱 가혹한 기후를 가져온다. 여름은 더 더워지고 겨울은 더 추워진다면, 지금 우리가 짓고 있는 건축으로는 새로운 기후에 충분히 대응할 수 없게 된다. 더 가혹해지는 기후에 맞서 인간과 인간의 삶을 지켜야 하는 새로운 과제가 건축 앞에 놓인 것이다. 이 새로운 과제는 기후위기에 대응해야 하는 과제와는 서로 모순될 수 있다. 예컨대 지금 기준으로 제로에너지 건축을 해도 다가오는 기후위기 속에서는 더 이상 제로에너지가 아닐 수 있다. 벽은 더 두꺼워져야 하고 단열재는 더 많이 들어가야 하며 창은 더 고급화되어야 하는데 그러면서도 냉방과 난방은 더 많이 해야 한다. 그리고 이런 변화는 결국 건축의 건설 단계와 이용 단계에서 발생하는 탄소의 양을 늘리는 방향으로 작용한다. 겨울에는 좀 더 춥게, 여름에는 좀 더 덥게 살아야 하겠지만 우리는 과연 혹한과 폭서 속에서 어디까지 버틸 수 있을까? 탄소 배출량은 줄이면서도 가혹해지는 기후에 대응하는 능력은 키워야 한다는 모순적인 요구에 건축이 성공적으로 답하기는 쉽지 않아 보인다.

결론을 내려야 할 시간이다. 기후위기에 대한 대응에서 건축은 도저히 피해갈 수 없는 거대한 존재다. 어떻게든 건축의 탄소 배출 문제를 해결하지 않으면 안 된다. 그러나 건축의 장기적 특성, 거대한 규모, 기후위기 대응에서 시간과의 싸움을 고려하면 건축 부문에서 기후위기 대응은 매우 정교하고 섬세하면서도 대규모여야 하고 신속해야 한다. 이런 어려운 과업을 감당해내지 못하면 국가적 차원에서의 탄소 배출 저감 목표를 이루는 것은 힘들 수도 있다. 이 모든 일은 한시라도 빨리 시작되어야 한다. 또한 닥쳐오는 기후위기 속에서 인간과 인간의 삶을 보호하는 건축의 역할 역시 함께 고려해야 한다.

디지털 기반 탄소중립도시

반영운_충북대학교 교수

　세계 도시 곳곳에서 기후변화로 인해 자연재해가 발생하여 사회적·경제적·환경적 피해가 커지고 있다. 국제사회와 함께 우리나라는 기후변화의 심각성을 인식하고 이를 해결하기 위해 2015년 파리협약에 동참하고, 2020년 '2050 탄소중립 추진전략'을 선언하였다. 이를 실현하기 위해 정부는 기술혁신의 시급성을 언급하고 있다(과학기술정보통신부, 2021). 즉, 국가적 차원에서 생산-유통-소비에 이르는 에너지 전주기에 걸친 데이터 관리 인프라 구축(AI, 빅데이터 등 디지털 혁신 기술)을 전 분야에 적용할 필요가 있다. 그러나 2050 탄소중립 목표를 실현하기 위한 정책적, 기술적 시급성에 비해 아직까지 디지털 기술을 이용한 탄소중립도시(이하 디지털기반 탄소중립도시)에 대한 논의가 활발하지 못하다.

　본 고는 디지털 기반의 탄소중립도시의 개념을 정의하고, 기후변화에 대응하기 위한 탄소중립도시 조성방향을 제시한다.

디지털 기반 탄소중립도시의 정의

1970년대 도시의 환경문제를 해결하고 환경보전과 개발을 조화시키는 방안으로 친환경 도시 패러다임이 등장하였다. 대표적으로 생태계의 지탱 가능한 용량인 환경용량의 범위 내에서 도시의 경제·사회·환경의 균형 발전을 도모하면서 인간의 생활을 향상하는 데 목적을 둔 지속가능한 도시가 있다. 그리고 인간과 자연이 공생하는 도시로서 다양성, 자립성, 안정성, 순환성을 강조하는 생태도시가 있다. 이후 생태도시의 개념에 기반을 두면서 기후위기에 대응하기 위한 완화와 적응을 모토로 하는 탄소중립도시가 대두되었다.

탄소중립이란 인간 활동에 의한 배출을 최대한 줄이고, 줄이지 못한 온실 가스는 흡수하여 실질적인 순 탄소배출량이 0(Net Zero)이 되게하며, 기후위기에 적응하는 것이다. 그런데 이러한 탄소중립 도시를 실현하기 위한 수단으로 디지털 기술이 강조되고 있다. 즉, 지금과 같은 기후 위기 시대에 이러한 빅데이터, AI, IoT 등의 디지털 기술에 기반을 두면서 탄소중립 목표를 달성할 수 있는 도시 시스템을 구축할 필요가 있다. 디지털 기반 탄소중립도시는 디지털 기반의 도시 시스템 구축과 탄소중립 계획·전략을 통합된 새로운 도시 패러다임의 하나로 이해할 수 있다.

구체적으로 보면, 디지털 기술 접목을 통해 도시 전체를 하나의 플랫폼으로 연결하여 탄소 배출 데이터 및 서비스 제공이 가능하며, IoT, ICT 기술을 통한 데이터 수집·실시간 관리를 통해 기존 도시에 비해 효율적으로 탄소중립 목표를 달성할 수 있다. 더 나아가 건물 단위, 마을 단위, 지자체 단위, 국가 단위의 기술·정책 연결을 통해 탄소중립을 보

그림 1 디지털 기반 탄소중립도시 개념도

다 통합적이고 효율적으로 달성할 수 있다. 따라서 디지털 기반 탄소중립도시는 "빅데이터, AI, IoT를 활용하여 부문별 주체들이 탄소 배출을 저감하고, 배출된 탄소를 흡수하여 제로화하면서, 변화하는 기후에 적응하도록 효율적이고 공정하게 조성, 운영, 관리되는 도시"로 정의할 수 있다(〈그림 1〉 참조).

디지털 기반 탄소중립도시 조성방향

▬ 디지털 기술을 이용한 탄소중립도시 조성방향

디지털 기반 탄소중립도시 조성방향은 다음과 같다. 먼저, 기후위기 완화의 경우, ICT 기기 개발 및 보급 확대에 따라 ICT 기기·인프라 효율화를 위한 저감 기술이 개발되어야 한다. 또한 기존 인프라에 대한 ICT 기술 접목을 통해 최적화된 에너지 중립형 인프라 구축이 필요하다. 통합화를 위해서는 지역 차원에서 도시의 공간·환경 특성을 반영한 빅데이터 기반 탄소중립 예측 모델이 개발되어야 한다(〈표 1〉 참조).

표 1 기후변화 완화 부문 디지털 기반 탄소중립도시 조성방향

구분		기술목표		
		효율화	최적화	통합화
기후변화완화	탄소저감	• ICT 기기-인프라 효율화 • 건물 에너지 효율화 • xEMS, ECO-CE3 등 건축물 에너지 효율화 운영	• 탄소중립도시 디지털 기반 인프라 구축 • 시간별(시각, 일별) 공간유형별(교통, 가구 등) 탄소배출량 추정 기술 • 도시 부문별 ETS 기반 탄소배출 감축 최적화 지원을 통한 지능형 탄소중립 관리	• 지역 차원 도시의 공간·환경 특성을 반영한 빅데이터 기반 탄소중립 예측 모델 개발 • 시간·공간별 다부문 탄소배출량 추정을 통한 선제적 대응체계 구축 • 정밀 데이터 활용 가구·교통 부문 탄소 배출·흡착 모니터링 기술
	탄소흡착	• 이산화탄소 포집-활용-저장 기술(CCUS)을 통한 친환경 물질 전환 기술 • 탄소중립 예측 모델 개발 및 관리지역 선정을 통한 수준별 탄소흡착 우선관리 구역 도출 • 그린인프라의 계획적인 설계를 통한 조성관리	• 시간별(계절별, 연차별) 공간유형별 탄소흡착량 추정 기술 • 탄소중립도시 분산자원 에너지 클라우드 • ICT/웨어러블 센싱, 디지털 가상도시 등을 활용한 디지털 그린인프라 관리	

출처: 저자 작성

둘째, 기후변화 적응은 물 관리와 열섬 관리에 집중하여야 한다. 물 관리에서는 IoT와 AI 기술 접목을 통한 물관리의 디지털화가 먼저 실행되어야 한다. 열섬 관리에서는 공간정보 맵핑 서비스를 통해 데이터(지형, 바람길, 온도 등) 가공, 수집, 관리가 먼저 필요하다. 이 두 가지 부문(물 관리, 열섬 관리)은 도시공간계획과 연계하여 계획이 수립되어야 한다(〈표 2〉 참조).

셋째, 기후변화 거버넌스는 운영과 네트워크로 구분할 수 있다. 거버넌스 운영은 제도적 장치에 해당한다. 탄소중립도시의 기술을 검증하고 인증하는 센터 구축을 통해 기술개발이 탄력을 받을 수 있다. 또한 적응과 완화 부문의 디지털 기술이 원활히 수행될 수 있도록 목표 달성

표 2 기후변화 적응부문 디지털기반 탄소중립도시 조성방향

구분		기술목표		
		효율화	최적화	통합화
기후변화 적응	물관리	• AMI네트워크, 스마트 미터링 등 첨단 ICT 기술을 적용을 통한 효율적인 물관리 기술 • IoT와 AI 기술 접목을 통한 도심 내 수자원 이용 디지털화	• 스마트 물 관리 기술 적용 • 유역기반의 도시 통합 물관리 실현	• 자연상태의 물 수지를 회복하기 위해 도시공간계획 연계하여 도시 열섬 조절, 수재해 예방, 미세먼지 저감
	열섬관리	• 스마트 IoT 클린쿨링 시스템 등 센싱 IoT 기술 연동을 통한 효율적인 도심 내 온습도 관리	• 3D 공간정보 시스템 및 클라우드 기반 공간정보 패핑 서비스를 통해 데이터(지형, 바람길, 온도 등) 가공	

표 3 기후변화 거버넌스 디지털기반 탄소중립도시 조성방향

구분		기술목표		
		효율화	최적화	통합화
기후변화 거버넌스	운영방식	• 탄소중립도시 상호운용성 기술 및 검증/인증센터 구축 • 디지털 탄소중립도시 사업관리 거버넌스 및 KPI 평가 기술	• 탄소 경제 기반 탄소 최적도시 인프라 설계 및 운영 • 탄소중립 프레임워크 전략을 통한 탄소배출, 에너지, 교통 등 모든 분야의 세부목표달성 계획 수립	• 탄소중립도시를 위한 탄소그리드 체계 및 시스템 구축 • 시민 참여방안으로 아이디어를 현실화도록 구현하여 스마트탄소중립도시 조성
	네트워크	• 기업&시민이 함께 만들고 발전시키는 탄소배출중립도시 협치 플랫폼(정보허브&정보포털)	• 디지털 도시자원 순환망과 지능형 처리기술을 접목한 탄소중립 커뮤니티 조성	

계획을 수립해야 한다. 네트워크 측면에서는 시민이 참여하는 플랫폼을 구성하여 의견을 반영하도록 해야 한다. 또한 커뮤니티를 조성하여 참

여 주체들이 지속적으로 의견을 나눌 수 있게 해야 한다(〈표 3〉 참조).

정책 추진 방향

— Bottom-up 방식에 기반한 정책 추진

이전에는 기후변화, 탄소중립, 스마트시티 등의 정책이 중앙정부 주도의 하향식으로 추진되었다. 이 때문에 시민참여와 이해관계자들의 참여를 통한 혁신성에는 다소 한계가 있다는 평가가 있다(김상민 and 임태경, 2020). 따라서 이해관계자들의 협력적 의사결정이 이루어질 수 있는 거버넌스 구조를 마련하고, 그 과정에서 기술적 아이디어 또는 애로사항 등이 조정되어 점진적으로 개선하는 것이 중요하다.

— 혁신 기술 공간 조성(Living Lab)을 통한 지역맞춤형 기술개발

디지털 기반의 탄소중립도시를 조성하기 위한 기술은 국가 단위의 공통기술과 도시·지역단위의 기술로 구분될 수 있다. 특히 지역단위의 기술은 지역 특성을 반영하여 개발되어야 한다. 왜냐하면 탄소중립도시를 실현하는 목표는 같으나, 인구, 건물, 토지이용 등에 따라 지역의 발전양상은 달라질 수 있기 때문이다. 도시·지역의 문제를 도출하고, 해결방안을 모색하여, 기술적 실험과 피드백을 통해, 문제해결로 이루어지는 것이 필요하다. 이러한 해결방안 중의 하나인 리빙랩은 실제 생활 속에서 문제를 해결하기 위해 사용자 주도로 여러 이해관계자와 PPP(Public—Private—Partnership)형태의 협력을 통해 공동으로 문제를 해결하기 위한 혁신의 장소로 이해할 수 있다(이재혁 외, 2019). 리빙랩을 통해 지역 특성을 고려한 기술개발이 이루어질 수 있으며, 이 과정에서 협력을 위한 다양한 주체들(민·관·산·학·연)이 적극적으로 상호 협력할 수 있도록 여건을 마련할 필요가 있다.

━ 중앙정부와 지방정부의 역할

현재 중앙정부에서 이루어지는 다양한 도시 문제해결 정책들은 각 부처에 따라 이분화 또는 다분화되어 추진되면서 효과를 제대로 발휘하지 못하고 있다. 같은 정책적 목적에도 칸막이 정책 추진으로 인해 정책 효율성을 높이지 못한다는 지적이 있다(김상민 외, 2020). 따라서 중앙정부 차원에서 가장 시급하게 추진해야 할 일은 범부처 협업체계를 '협력화'하고 '명확화'하는 것이다. 먼저, 협력화를 위해서는 통합적 시각에서 관련 정책을 조율하고 추진하는 컨트롤타워를 통한 협력적인 운영방식을 만들 필요가 있다. 다음으로, 명확화를 위해서는 부처 간 연계 협력을 위해 예산, 개별적 사업, 역할 등을 명확히 구분하여 수행할 수 있도록 제도화해야 한다.

한편, 지방정부의 경우, 앞선 언급처럼 지역 특성을 고려하는 것은 물론 수요자 중심으로 사업이 진행되도록 유도해야 한다. 먼저, 시민참여가 가능하도록 환경적·제도적 여건을 마련할 필요가 있다. 이를 위해 지방정부는 기술 개발 생태계 환경이 조성될 수 있도록 이를 지원하는 특화된 행정체계를 갖추어야 하며, 서로 협력하는 열린 거버넌스 구조가 실현되고 활성화되도록 관리·감독하여야 한다.

본 고에서는 디지털 기반의 탄소중립도시를 정의하고, 기후변화대응을 위한 탄소중립도시 조성방안을 제시하였다. 기후위기에 대응하기 위해서는 과거의 탄소중립도시 조성전략에서 한 단계 더 나아가 디지털 기술이 접목된 탄소중립도시 패러다임이 필요하다. 제시된 디지털 탄소중립도시 조성방안은 기후변화 시대에 경제주체들을 저탄소 경제활동으로 유도하여 화석연료에 대한 의존도를 감소시키는 한편, 디지털 혁신 기술의 성장 동력을 확보하여 국제사회의 탄소중립 선언에 동참하기 위한 것이다. 무엇보다 디지털 기반의 탄소중립도시를 효과적으로 실현하기 위해서는 가장 먼저 체계적인 전략과 정책 우선순위를 논리적으로 제시해야 한다. 이에 발맞춰 중앙정부는 기술 사업화를 위한 지원체계 기획을 통해 정책적, 기술적, 경제적 타당성 및 이와 관련된 정부 지원의 필요성을 확보해야 한다. 또한 디지털 탄소중립도시 가이드라인 개발 및 이에 따른 탄소중립도시 시범사업, 인증 사업 등을 시행할 필요가 있다. 그리고 디지털 및 탄소중립도시 인재 양성체계를 마련하는 것도 매우 중요한 사업이다. 지방정부에서도 중앙정부의 디지털 탄소중립도시 조성 사업과 관련된 정책을 신속히 마련하고, 디지털 기술 인재는 물론 탄소중립도시 관련 인재들을 확보해야 하며, 전문적으로 교육·육성하여 지속적인 노력이 이루어져야 할 것이다.

온도를 빚는 도시, 기온과 도시 형태의 관계

김문현_한국행정연구원 부연구위원

여름철 태양이 뜨겁게 내리쬐면 도시 중심부는 쉽게 달아오른다. 반면, 녹지가 많은 도시 외곽은 상대적으로 시원한 기온을 유지한다. 이런 온도 차이가 왜 발생할까? 이 차이를 설명하는 가장 대표적인 개념이 바로 열섬효과(urban heat island effect)이다. 열섬효과는 도시 내 기온이 주변 농촌 지역보다 더 높은 현상을 말한다. 이 현상을 처음 관찰한 사람은 영국의 약사이자 기상학자인 루크 하워드이다. 그는 1833년에 출판한 런던의 기후(Climate of London)에서 런던 중심부와 런던에 인접한 세 곳의 농촌 지역을 비교하며 도시의 온도가 농촌보다 높다는 사실을 밝혀냈다. 하워드는 건물과 도로 같은 인공 구조물이 낮 동안 태양열을 흡수하고 저녁에 서서히 열을 방출하면서 도시의 온도가 올라간다고 설명했다. 하워드는 런던의 인구 증가와 산업화가 이 현상을 더욱 두드러지게 만든다고 보았으며, 특히 야간에 도시가 더워지는 현상이 주변 농촌보다 뚜렷하게 나타나는 것을 통해 이 효과를 더욱 확신하였다. 오늘날 열대야라고 불리는 현상이다. 하워드의 연구는 이후 현대 도시 기후학의 초석이 되었으며, 오늘날 우리가 도시의 열 문제를 이해하는 데 큰 기여를 했다.

도시의 온도 상승은 원래 도시 밖으로 빠져나가야 할 열에너지가 도시 안에 갇히면서 발생한다. 일반적으로 태양에서 지구로 도달하는 열에너지의 약 30%는 대기권 밖으로 반사되어 나가고, 나머지 70%는 대기와 지표면에 흡수되어 지구의 에너지 균형을 유지하는 데 기여한다. 하지만 도시 내 건물, 도로, 콘크리트 구조물 같은 인공 구조물들은 이 흡수된 에너지가 대기로 방출되는 과정을 방해한다. 낮 동안 지표면에 흡수된 열은 밤에 서서히 방출되는데, 이때 구조물이 자연적인 열 배출을 방해해 열이 도시에 갇히게 되는 것이다. 따라서, 이러한 도시의 온도 상승 원인을 이해하기 위해서는 도시를 구성하는 물리적인 구조와 형태를 면밀히 살펴볼 필요가 있다.

도시의 온도를 조절하는 요인은 크게 세 가지로 나눌 수 있다. 열 저장, 열 이동, 그리고 열의 속성(현열속과 잠열속)이다. 먼저 열 저장에 대해 알아보면, 열 저장은 도시를 이루는 표면 재질의 종류와 깊은 관련이 있다. 태양에서 방출되는 단파복사열이 대기와 지표면에 도달해 도시의 온도를 형성하고, 이 온도는 장파복사열로 변해 대기 중으로 방출된다. 이때 표면의 반사율에 따라 온도가 달라지는데, 반사율이 높은 재질을 쓰면 흡수되는 열이 줄어들어 표면 온도가 낮아지고, 반대로 반사율이 낮은 재질은 많은 열을 흡수해 표면 온도를 높인다. 대표적으로, 도로포장에 자주 사용되는 아스팔트는 반사율이 매우 낮은 재질(0.05~0.12)로, 여름철이면 아스팔트 위로 아지랑이가 일 정도로 온도가 크게 오른다. 반면, 아스팔트를 반사율이 높은 콘크리트(0.35)로 대체하면 여름 오후 3시 기준으로 표면 온도가 약 16도까지 낮아진다는 연구 결과가 있다. 이처럼 표면 재질은 도시 온도에 큰 영향을 미친다.

한편, 반사율이 높은 재질이 반사한 열에너지는 주변 구조물에 반사되어 대기로 방출되지 못하는 경우가 발생한다. 이 경우 오히려 대기에 흡수되어 온도를 상승시킬 수도 있다. 특히 건물이 밀집한 지역이나 고층 건물이 많은 곳은 이러한 반사된 열에너지가 하늘로 빠져나가기 어렵기 때문에, 밀도가 낮은 지역에 비해 기온이 높아질 가능성이 크다. 실제로 일부 연구에 따르면, 반사율이 높은 표면은 낮은 표면에 비해 표면 온도는 더 낮지만, 오히려 표면 위 공기 온도는 더 높아지는 것으로 나타났다. 이는 보행자가 느끼는 열 쾌적성에는 부정적인 영향을 미칠 수 있다.

반면 고층 건물은 도시의 온도를 낮추는 역할을 하기도 한다. 기온이 높은 날, 고층 건물이 만드는 그늘은 보행자에게 시원한 피난처가 된다. 그늘 효과(shading effect)는 낮 동안 태양의 단파 복사열을 차단하여 도시의 온도를 낮추는 효과적인 방법으로 알려져 있다. 중국 하얼빈에서 관찰된 결과에 따르면, 여름철에 건물 높이가 10m씩 높아질 때마다 인접 거리의 최대 온도가 0.06도씩 낮아진다고 한다. 따라서, 건물의 밀도가 높아져 발생하는 장파 복사량의 증가와 건물의 그늘 효과로 단파 복사량이 줄어드는 점을 복합적으로 이해할 필요가 있다. 도시 온도를 낮추기 위해 획일적으로 반사 표면을 적용하거나 고층 건물을 세우는 것이 능사가 아니며, 지역적 특성과 밀도를 종합적으로 고려한 접근이 필요하다.

도시의 인공 구조물들이 기온을 높이는 반면, 녹지와 하천은 도시 온도를 낮추는 중요한 역할을 한다. 녹지는 광합성을 위해 복사열을 흡수하면서 가시광선의 약 10%와 적외선의 30%만을 투과시켜, 주변의 열을 줄이는 효과를 가져온다. 예를 들어, 인접한 지역의 잔디와 콘크리트 표면 온도는 약 10도에서 최대 20도까지 차이가 난다고 보고된 바 있다. 도시의 녹지에는 특히 키 큰 나무가 중요한데, 이들은 넓은 그늘을 만드는 그늘 효과로 온도를 낮추는 데 탁월하다. 나무는 장파 복사를 통과시키지 않아 건물보다 더 효과적으로 열을 줄일 수 있어, 도심 속 시원한 피난처를 제공하는 데 큰 기여를 한다.

이번에는 열 이동에 관해 이야기하려고 한다. 우리는 바람이 잘 부는 곳에서 시원함을 느끼는데, 이는 바람이 뜨거운 공기를 옮기고, 녹지나 강에서 생성된 차가운 공기를 도시로 끌어와 온도를 낮추기 때문이다. 이런 바람의 방향과 속도는 도시의 건물 배치와 형태에 큰 영향을 받는다. 바람은 건물과 같은 장애물을 통과할 수 없기 때문에, 건물 주변을 피해 흐르며 복잡한 패턴을 만들어낸다. 건물이 조밀하게 배치된 곳은 개방된 지역에 비해 바람이 부는 방향이 자주 바뀌고 속도가 줄어들어, 열이 원활하게 이동하지 못하고 머물게 된다. 또, 건물의 높이 차이나 건물 간의 거리는 바람에 수직 흐름을 만들어 소용돌이(vortex), 나선형 흐름(helical flow), 또는 채널링(channelling) 같은 복잡한 공기 흐름을 형성하기도 한다. 예를 들어, 도시 내 건물의 체적이 커질수록 바람의 평균 속도가 낮아진다는 연구 결과가 있다. 거대한 백화점과 같은 포디움 구조(podium structure)는 건물 상층부의 시원한 바람이 지상까지 내려오는 것을 방해하여 보행자의 열 쾌적성을 저해한다. 더군다나 바람 흐름을 막아 대기 중 미세먼지가 정체되는 등 오염물질이 쌓이기 쉬워 보행자 건강에도 악영향을 미칠 수 있다.

밀집된 건물로 인해 열악해진 환기 성능은 거리 협곡 효과(street canyon effect)를 일으키는 원인으로 알려져 있다. 거리 협곡 효과는 건물 높이와 거리 간격의 비율을 나타내는 종횡비(건물 높이/거리 간격)로 설명할 수 있다. 낮 동안 거리 협곡 내부의 공기 온도가 외부에 비해 종횡비가 0.5일 때는 1.5℃씩, 0.85일 때는 2℃씩 더 높아졌다. 그런데 특이한 점은 종횡비가 1일 때는 오히려 온도가 낮아지는 현상이 발견되었다. 이는 고층 건물의 그늘효과와 고층 건물 외벽을 따라 생성된 난류(turbulence)가 시원한 상층부 바람을 지상으로 끌어왔기 때문으로 추측할 수 있다. 이처럼 도시 개방성과 건물 높이에 따른 온도 변화는 매우 복잡하게 나타나며, 지역 기후와 물리적 조건을 종합적으로 고려할 필요가 있다.

도시의 녹지와 강은 주변으로 시원한 바람을 보내 주변 온도를 낮추는 데 큰 역할을 한다. 도시 숲이나 공원에서 생성된 시원한 바람은 녹지를 중심으로 약 469m까지 퍼질 수 있는 것으로 알려져 있다. 이러한 냉각 효과는 녹지의 면적과 밀접하게 관련이 있다. 10헥타르(ha) 이상의 넓은 공원은 냉각 효과의 범위와 강도가 크게 나타나며, 예를 들어 공원 경계에서 350m 떨어진 지점까지 주변 온도에 비해 약 2℃씩 더 낮아진다고 한다. 반면, 면적이 작은 공원(0.05km² 미만)은 냉각 효과가 거의 없으므로, 실질적인 온도 저감을 기대하려면 일정 면적 이상의 공원을 조성하는 것이 중요하다.

열의 속성(현열속과 잠열속)은 녹지의 역할과 관련이 깊다. 녹지는 도시의 온도를 완화하는 데 중요한 역할을 한다. 나무와 풀은 그늘을 만들어 표면에 닿는 열을 줄여주고, 잎은 열을 직접 흡수해 온도를 낮추는 데 기여한다. 특히 나뭇잎의 증산작용을 통해 수분이 증발하면서 열에너지가 소비되는데, 이 과정에서 대기 온도가 내려가면 지표면 온도도 함께 균형을 맞추며 낮아지게 된다. 이처럼 식물의 증산작용은 상당한 열을 소비하는데, 전 세계적으로 연간 증발산이 지구에 도달하는 총 태양 에너지의 약 22%를 차지할 정도이다. 이러한 이유로 숲과 공원이 도시의 쾌적한 열 환경 조성에 탁월한 효과를 발휘한다고 할 수 있다.

나무는 식물 중에서도 온도를 낮추는 데 특히 뛰어난 효과가 있다. 잎이 무성한 나무는 증산작용을 통해 공기를 식히고, 태양 복사열이 표면에 닿는 양을 줄여 잔디보다도 열 환경을 개선하는 데 효과적이다. 그늘이 있는 지역의 평균 기온이 그늘이 없는 지역에 비해 0.6~0.9℃ 낮았으며, 특히 덥고 건조한 날에는 3.3℃까지 차이가 나타났다. 이처럼 도시 내 나무를 심고 가꾸며, 특히 큰 나무를 보존하는 것은 쾌적한 환경 조성을 위해 꼭 필요한 일이다.

도시 숲이나 공원 외에도 녹지를 통한 증산작용을 강화할 수 있는 방법이 몇 가지 있다. 먼저, 건물이나 인공 구조물에 벽면 녹화를 조성하는 것이다. 벽면 녹화는 벽 표면 온도를 상당히 낮출 수 있어, 도시 열섬 현상을 줄이는 데 큰 도움이 된다. 또한, 6m 이하 건물의 옥상에 녹지를 조성하면 보행자 높이에서 기온을 최대 0.82℃까지 낮출 수 있다는 연구도 있다. 이런 방식으로 도시 내 작은 녹지 공간을 확대하는 것이 전체적인 온도 조절에 기여할 수 있다.

이 글을 읽고 도시를 바라보는 새로운 시각이 생겼을 것이다. 뜨거운 여름날 땀을 뻘뻘 흘리게 하는 아스팔트 위의 열기, 고층 건물 아래 혹은 가로수 그늘에서 만나는 찰나의 시원함, 그리고 강과 공원에서 맞는 시원한 바람 등, 이 모든 것이 도시 형태와 관련이 있다. 도시에 대한 이해가 쾌적한 삶의 질을 결정하는 중요한 요소가 될 수 있다. 이제 이 새로운 시각이 자신의 지역을 쾌적하게 가꾸고 관리하는 데 있어 현명한 선택을 할 수 있는 디딤돌이 되기를 바란다.

기후위기 대응, 이제는 적응이다

송영일_한국환경연구원 명예연구위원

전 세계적으로 나타나고 있는 기후변화는 단순히 장·단기적인 기후 현상의 변화에 그치지 않고 자연생태계와 사회·경제 시스템에 상호 연계되어 복합적인 영향을 미치고 있다. 기후변화의 영향은 시간이 지날수록 더욱 광범위하게 나타나고 있으며, 그 속도는 점점 가속화되고 있다. 지구온난화로 인해 발생하는 이상기후 현상의 빈도와 강도는 지속적으로 증가하고 있으며 이로 인한 피해는 자연환경뿐 아니라 사회와 경제 전반에 걸쳐 나타나며 해마다 막대한 인명과 재산 손실을 초래하고 있다. 국제재해경감기구(2019)에 따르면, 1985년부터 2017년까지 자연재해로 인한 전 세계 경제적 손실은 연간 약 140~1,400억 달러로 추산되며, 세계은행은 2020년 기준 자연재해로 인한 피해 규모를 약 2,100억 달러로 평가하고 있다. 우리나라에서도 최근 10년간(2011~2020년) 자연재해로 475명의 인명피해와 약 4조 4천억 원의 재산피해가 발생하였고, 2020년에는 호우와 태풍으로 103명의 인명피해와 1조 3천억 원의 경제적 손실이 발생하였다. 세계경제포럼(2020)은 기상이변으로 인해 직접적인 피해를 입는 인명과 시설뿐 아니라 관련 산업에 미치는 연쇄적 영향을 고려할 때, 전 세계 GDP의 50%가 기후변화로부터 영향을 받고 있다고 발표한 바 있다. 기후변화는 기업 활동에도 영향을 미치고 있으며, 이에 따라 최근에는 금융 부문에서 기업의 기후 위험에 대한 공시와 같은 비재무적 정보 공개 요구가 증가하고 있다. 이는 환경－사회－지배구조(ESG) 공개와 더불어 탄소정보공개(CDP)와 같은 기후변화 관련 정보가 기업이 관리해야 할 주요 지표로 자리 잡고 있음을 의미한다.

국제사회는 온실가스 배출을 줄이기 위해 다양한 노력을 기울이고 있지만, 현재까지 만족할 만한 성과를 도출하지 못하고 있다. 설령 기후변화 완화 정책이 성공적으로 이루어져 온실가스 배출량이 크게 감소하더라도, 이미 대기 중으로 배출된 온실가스의 영향으로 인해 앞으로 최소 수십 년간 지구온난화가 지속될 것으로 전망되고 있다. 이에 UNFCCC와 같은 국제기구는 각 국가와 지역 차원에서 기후변화 적응 대책을 수립하고 시행할 것을 권고하고 있다. IPCC 5차 보고서(AR5)는 기후변화의 속도가 점점 빨라질 것으로 전망하며, 가까운 미래(20~30년) 동안 적응을 위한 노력이 기후변화 위험을 결정짓는 중요한 요소가 될 것임을 강조하고 있다. UN 또한 지속가능발전목표(SDGs)에 기후변화의 부정적 영향을 예방하기 위한 긴급조치를 포함하고, 기후변화 적응이 지속가능발전의 필수 요소임을 명시하며 국제사회의 적극적인 이행을 촉구하고 있다.

UNFCCC는 기후변화 적응을 '기후변화로 인한 부정적 영향을 줄이고, 사회와 생태계가 변화하는 기후 조건에 대응하도록 돕는 행동'으로 정의하고 있다. IPCC는 이를 '현재 나타나고 있거나 미래에 예측되는 기후변화의 영향을 완화하거나, 이를 유익한 기회로 전환하기 위한 자연 및 인위적 시스템의 조정 행위'로 정의하고 있다. 다시 말해, 기후변화 적응은 생물다양성 감소, 재난·감염병·질병 증가와 같은 위험을 최소화하고, 변화하는 기후를 새로운 발전 기회로 활용하려는 행위를 의미한다. 기후변화는 이미 진행되고 있는 현상이지만, 이를 현명하게 적응하여 기후변화로 인한 위험을 극복하고, 신산업 창출을 통해 국가 경쟁력을 강화함으로써 위기를 새로운 발전의 기회로 전환할 수 있다. 따라서 기후변화 적응은 부정적 영향을 줄이고 긍정적 영향을 극대화하기 위해 국가, 지방정부, 공공기관 등에서 목표와 지표, 행동으로 이루어진 체계적인 계획과 실행 과정을 포함한다.

우리나라에서는 2010년부터 기후변화로 인한 부정적 영향을 줄이고 미래 위험에 대비하기 위해 국가와 지자체 차원에서 기후위기 적응대책을 이행해 왔다. 2023년부터는 국가 기간시설물과 사회간접자본 등을 관리하는 공공기관이 기후변화로 인한 시설물 피해를 예방하고 기후탄력적인 시설물 운영을 도모하기 위해 세부 시행계획을 의무적으로 수립하도록 규정하였다. 이를 통해 정부와 지자체는 적응 추진 방향과 분야별 기반을 포함한 적응 이행 체계를 구축하고, 적응대책 확산에 따라 적응의 주류화를 위한 기반을 마련하였다. 그러나 이러한 성과에도 불구하고 대책 수립을 위한 기초자료와 과학적인 영향평가 도구(Tool) 부족, 전략적 관리체계 미흡, 기후변화 리스크 저감 효과의 한계 등은 현재 시행 중인 적응대책의 주요 문제점으로 지적되고 있다.

기후위기 적응은 국가, 지역, 민간 등 다양한 계층에서 이루어지는 만큼, 계획 수립 시 효과성을 높이기 위한 원칙이 필요하다. 첫째, 기후위기 적응은 기후변화의 악영향에 대비하고 이를 기회로 삼는 행동과 과정을 포함하므로, 경제 성장, 사회 안정, 환경 보전이 조화를 이루는 지속가능발전 원칙에 부합해야 한다. 둘째, 적응계획은 장기간에 걸쳐 효과가 나타나며 비용이 수반되므로, 기후변화 취약 지역과 계층에 대한 우선적 배려와 대책 실행 계획을 포함해야 한다. 셋째, 적응계획은 경제, 자원, 사회 등 다양한 분야와의 연계성을 확보하여 통합적 접근과 시너지 효과를 창출할 수 있어야 한다. 넷째, 민간 부문 적응을 촉진하기 위해 민·관 협력체계를 구축하고, 정부는 이를 유지하기 위해 기술 지원, 자금 지원, 세제 혜택 등 다양한 인센티브를 제공해야 한다.

기후변화로 인한 피해가 증가하는 현 시점에서 기후위기 적응은 선택이 아닌 필수적인 대응 수단으로 평가되고 있다. 우리나라는 2010년 이래로 국가, 지자체, 공공기관 단위에서 기후위기 적응대책을 수립하고 이행해 왔으며, 이 과정에서 시행착오도 경험하였다. 이러한 경험을 바탕으로 현재 추진 중인 적응대책이 성공적으로 이행되고, 민간에서 자율적으로 추진 중인 적응대책이 적절히 실행되어 기후안전사회를 구축하고 국민 행복에 기여하기를 기대해 본다.

PART 4

글로벌 환경정책과 경제적 접근

한국 환경정책의 역사, 비전, 과제

문태훈_중앙대학교 명예교수

우리나라 환경정책은 외국 원조를 받기 위해 1963년 공해방지법을 만들고 보건사회부 환경위생과에 공해계를 설치하면서 시작되었다. 그러나 당시의 환경정책은 상징적인 정책에 불과하였다. 공해방지법을 시행할 조직, 인력, 예산이 없는 정책이었기 때문이다. 그래도 보건사회부는 1968년에는 환경보호를 위한 종합계획을 만들고, 공장의 오염물질 배출을 조사하고 배출업체를 도시 외곽지역으로 이전시키려는 등 일련의 노력을 기울인다. 그러나 보사부의 노력은 다른 정부부처들의 협조를 전혀 받지 못하였다. 오히려 경제와 산업 관련 부처들로부터 환경문제에 대한 관심이 경제성장에 방해가 된다는 강한 반대에 직면하였다. 이런 주장이 거세지면서 보사부의 오염물질 배출 감시와 단속을 위한 노력은 무력화되었다. 그러나 이러한 분위기는 당시 박정희 대통령이 연두 기자회견에서 환경문제에 대한 관심을 표명하면서 변하게 된다. 이를 계기로 보사부는 1977년에 환경보전법을 만들고 1978년부터 효력이 발생하게 되었다. 공해물질을 배출하는 공장들에 대한 단속이 가능하게 된 것이다. 자연보호위원회의 설립과 자연보호헌장 제정도 이 당시에 추진되었다. 이것도 대통령의 지시에 따라 진행되어 1978년에 선포되었다. 대통령이 경제성장을 최우선의 국가정책으로 강력하게 추진하던 당시에 직접 환경보전법과 자연보호헌장을 만들게 한 점은 흥미로운 부문이다. 식목일에는 학생들이 동원되어 나무를 심고, 나무 젓가락으로 송충이를 잡던 기억도 난다. 민둥산을 벗어나기 위하여 대대적인 조림 사업을 시작한 것도 이 무렵이었다. 그러면서 환경조직과 환경정책은 느리지만 제대로 된 모습을 갖추어 나가게 된다.

환경부처 조직은 1980년 보건사회부의 독립 외청인 환경청(최규하 대통령), 1990년 국무총리실 소속의 장관급 부처인 환경처(노태우 대통령), 1994년 환경부로 성장하였다(김영삼 대통령). 그러면서 1990년 이후 현재까지 환경부처와 환경정책은 양적인 면에서나 질적인 면에서 비약적인 발전을 이루어왔다. 환경부의 예산규모는 1990년 900억원 정도였는데 2022년에는 10조 8천억원으로 증가하여 120배가 늘어났다. 같은 기간에 우리나라 정부 전체 예산이 22배 증가한 것에 비교하면 환경부 예산이 매우 빠르게 증가해 왔음을 알 수 있다. 환경부 정원은 1990년 382명에서 2022년 2,704명으로 7배 증가하였다.

환경조직의 성장과 예산규모의 빠른 증가에도 불구하고 환경정책은 타 정책에 비교하여 여전히 미약하다. 돈을 버는 부처가 아니라 돈을 쓰는 부처이기 때문이다. 그리고 1960년대의 경제성장 우선주의는 2020년대 현재 기업들의 엄청난 성장과 더불어 구조적으로 더 강력해지고 있다. 경제정책과 산업정책에 밀려 환경정책이 자기 소리를 내지 못하는 경우가 더 많아지고 있다는 것이다. 국가 정책의 최우선 순위가 경제정책에 놓여있으니 환경정책은 경제정책, 산업정책, 토지를 비롯한 자원이용 정책이 저질러 놓은 자연생태계 훼손, 환경질 악화, 환경 부정의,

오염물질 발생 문제를 예방하지 못하고 사후적으로 처리하는 데 급급한 경우가 다반사이다. 직접적인 강제적 규제도 있고 오염물질 배출에 대한 부과금이나 환경 세금도 있으나 폐기물, 오염물질 배출은 여전하고 보존되어야 할 자연환경, 산림, 녹지들이 개발정책으로 자주 훼손되는 것이 안타까운 현실이다. 성장정책과 개발정책에 대응하여 환경과 자연 생태계 보존을 위한 원칙적이고 소신 있는 정책을 수행한 사례도 찾기가 쉽지 않다. 2008년 평창 동계올림픽으로 인한 가리왕산 훼손 사건은 환경정책 현주소를 보여주는 대표적인 사례이다. 불과 1주일도 채 안 되는 기간에 사용될 알파인 스키 경기장을 만들기 위해 조선시대부터 500년 이상 왕실림으로 보존되어 왔고 환경부가 지정한 자연유전자원보호림을 올림픽 경기 후 강원도가 "원상회복"하는 것을 조건으로 환경부는 환경영형평가를 통과시키고, 산림청은 보호림에 대한 개발제한 규제를 풀었다. 그리고 이 지역에 서식하던 1,000년 이상의 아름드리 고목들을 포함하여 10만여 그루의 나무를 이틀도 채 안 되는 시간에 모두 벌목해 버렸다. 그리고 잘라낸 나무들을 땔감인 팰럿으로 만들어 팔아버렸다. 강원도는 애초에 약속했던 올림픽 경기후 원상회복을 거부하고 스키용 곤돌라를 케이블카로 재활용하여 이 지역을 산림정원 등으로 만들어 관광지역으로 개발한다고 버티고 있다. 중앙정부와 국민들과의 약속을 지방정부가 일방적으로 파기하는 것은 심각한 문제이다. 국민들의 강원도에 대한 신뢰, 중앙정부와 지방자치단체에 대한 신뢰, 정부와 국민 간의 신뢰, 정책과 행정의 전국적 통일성과 국토이용의 연속성에 심각한 혼란과 연쇄적인 문제를 일으킬 수 있다.

　　동계 올림픽 유치의 최대 명분이었던 강원도와 평창 지역 경제의 활성화, 인구 유입, 도로등 인프라 개선의 긍정적 효과 등은 하나도 실현되지 않았다. 동계 올림픽 후의 강원도 지역총생산은 2008년 동계올림픽 전 2000년부터 2008년 후 2022년까지 전혀 다르지 않은 같은 추세를 보이고 있고, 평창 지역의 유료 관광객수는 2008년 올림픽 이후 지금까지 계속 감소하고 있다. 평창군의 지방재정 자립도 역시 개선되지 않았고, 도로 인프라는 개선되었으나 평창군의 인구수는 동계올림픽 개최 후 지금까지 감소하고 있다. 결국 평창 동계올림픽 유치 명분으로 내걸었던 경제적 성과는 없었고, 500년 이상 보존되어 오던 보물 같은 가리왕산 자연자원보호림만 망친 결과가 되었다. 이 과정에서 누가 가장 큰 이익을 가져갔을지를 생각해 보면 토목공사 업체, 빚더미에 몰린 강원도가 소유한 자산가치 1조 4천억으로 평가된 알펜시아 리조트를 반값에 매입한 그룹 회사, 인근 지역에 토지를 가지고 있었던 토지 투기자들이었을 것이다.

좋은 환경정책은 자연생태계가 인간에게 제공하는 여러 혜택들을 잘 유지하여 사람들의 정신과 육체를 건강하게 하고 자연과 상생하는 좋은 삶을 유지할 수 있게 한다. 좋은 환경정책은 환경정책의 범주를 어디까지로 할 것인지와 직결된다. 현재 환경정책의 범위는 환경과 건강상의 위해 방지를 위한 오염물질 배출 억제와 제거, 그리고 수질, 대기질, 생태계 등 환경질의 제고를 위한 정책들에 머물고 있다. 그러나 오염물질의 배출이나 환경질의 악화는 잘못된 국토이용, 자원 사용과 관리, 산업정책, 경제정책, 인구정책의 부산물인 경우가 대부분이다. 환경문제를 해결하고 더 나은 자연생태계를 만들고 보존하기 위해서는 환경정책의 범주가 적어도 자원 사용과 산업정책에 친환경적 영향을 미칠 수 있어야 하고, 경제정책, 인구관리 정책에도 예방적인 영향력이 미칠 수 있어야 한다. 환경문제를 발생시키는 시작점에서 환경문제를 미리

해결하는 정책으로 발전해야 한다는 것이다. 정책이 성공하기 위해서는 관련되는 다른 정책의 가치, 목표, 수단과의 일관성과 다른 부처와의 수평적 협력, 중앙－광역－지방 간의 수직적 협력도 중요하다. 또, 정책 간의 상호 일관성을 확보하는 것이 정책 성공을 위해서 필수적이다. 그러나 현재의 관료 체제는 분야별로, 기능별로 분화되어 있어서 배타적 영역주의가 강하고 수평적, 수직적 협력과 조정은 매우 취약한 상태이다. 이런 상황에서 정책 상호 간의, 다른 부처들과의 협력과 제도적 일관성을 높이는 것은 환경정책의 성공에 가장 중요한 요인이 된다. 이런 점에서 서로 대조적인 접근방식을 취하고 있는 프랑스와 미국의 모델을 참고할 만하다. 한국의 환경부에 해당하는 프랑스의 생태전환부는 국토, 에너지, 교통, 주택, 기후 및 환경관련 기능들을 모두 통합하여 대부처 조직으로 운영하고 있다. 반면 미국의 환경청은 작지만 강력한 규제기관으로 기능하면서 환경정책의 수직적·수평적 통합을 위한 다양한 프로그램을 개발하고, 백악관의 대통령 소속 환경질위원회(Council on Environmental Quality: CEQ)는 정책으로 인한 환경영향까지 평가하는 전략환경영향평가를 최종적으로 조율하면서 부처 간의 이견을 조정하고 통합한다. 프랑스 정부는 경제 관련 기능을 통합한 경제·재정 활성화부5)와 환경관련 기능을 통합한 생태전환부를 2개의 대부처로 운영하고 있다. 그리고 대통령 직속의 생태방어회의에서는 국가가 시행하는 모든 정책이 기후와 생물다양성 보호원칙을 준수하는지를 확인하고, 생태방어회의를 최상위에 위치시켜 환경 문제의 중대성을 반영하고 있다. 동시에 기후시민협의체를 설치하고 협의체 제안을 생태방어회의에서 논의하여 국민 의견이 권력 최상부의 결정에 직접 영향을 미칠 수 있는 구

---

5) 한국의 기획재정부, 산업통상자원부, 중소벤처기업부를 통합한 역할을 수행한다.

조가 마련되어 있다. 프랑스는 생태전환부와 경제재정활성화부, 두 부처를 제외한 다른 기능들은 소부처로 운영하고 있다. 예를 들면, 우리나라의 국토교통부에 해당하는 프랑스의 국토결합지자체부는 균형개발과 지자체 관련 정책만을 담당하는 소규모 부처로 기능하고 있다.

한국은 경제정책이 모든 면에서 최우선 순위를 유지해 왔고, 복지정책의 중요성에 대한 인식과 공감대도 빠른 속도로 커져 왔다. 그러나 환경정책은 여전히 우선순위의 정책이 되지 못하고 있는 것이 현실이다. 하지만 환경문제는 현재 기후변화 문제를 비롯하여 경제와 무역은 물론 삶의 질에 직접적인 영향을 미치고 있다. 부처 간 정책협력과 통합이 힘든 현재 상황에서 경제, 사회, 환경을 각각 담당하는 "3 부총리제"를 만들어 부총리 수준에서의 통합성과 정합성을 높이는 합의체제도 검토해 볼 수 있다. 다른 대안으로 환경부를 미국의 환경청(EPA)과 같은 강력한 규제기관으로 기능하게 하고, 부처 간의 정책 조정과 일관성 제고를 대통령 소속의 지속가능발전위원회에 부여하는 것이다. 그러나 과거의 경험으로 보면 이러한 방식은 위원회가 무력화되거나 정권 교체에 따라 단명할 가능성이 크다.

생태계를 보존하는 적극적이고 예방적인 환경정책을 펼치기 위해서는 과학적 기반과 목표 지향적 환경정책이 필요하다. 이를 위하여 한국의 생태적 한계용량을 과학적으로 추정하여 부문별로 한계를 설정하고 그 한계 내에서 사회·경제적 활동이 이루어지도록 하는 적극적 환경정책을 추진할 필요가 있다. 스웨덴의 회복탄력성 연구소(Resilience Institute)는 지구의 생태적 한계를 기후변화, 생태계, 토지, 민물, 생화학물질, 해양산성화, 미세먼지, 오존층파괴, 새로운 물질 등 부문별로 지구 생명유지 시스템의 한계 범위를 설정하고 어느 부문에서 이 범위를 벗어나고 있는지를 주기적으로 모니터링하면서 공개하고 있다. 성장과 개발의 한계에 대한 가이드라인을 제시하는 것이다. 그리고 이러한 연구에 기반하여 케이트 레이워스는 "도넛경제"를 주장한다. 도넛 안쪽의 작은 원 부분보다는 크게, 그러나 생태계의 한계를 나타내는 바깥쪽 큰 원 부분보다는 작은 수준에서 양적성장과 질적성장을 균형있게 유지하는 경제발전으로 전환해 나갈 것을 제안한다. 한국의 환경정책도 이러한 과학적이고 목표지향적인 적극적 접근이 필요하다.

1987년 UN이 〈우리공동의 미래〉에서 제시한 환경적으로 건전하고 지속가능발전(ESSD)은 지속적인 경제성장을 필요한 것으로 보았고, 그 과정에서 발생하는 환경오염은 적절한 환경세금을 부과하면 해결할 수 있다고 보았다. 외부불효과로 인한 자원배분의 왜곡에서 발생하는 경제적 비효율성은 외부비용을 시장가격에 포함하면 해결할 수 있다고 보았기 때문이다. 그러나 현세대는 물론 미래세대의 선호도, 그리고 오염으로 인한 비용의 크기를 정확히 알기가 힘든 상태에서 환경세금을 통한 환경문제의 해결은 한계가 있게 마련이다. 동태적 균형상태와 정상상태의 경제가 제시하는 발전모델은 지속가능발전 모델보다 한걸음 더 나아간다. 두 발전모델은 시스템다이내믹스 학자들이 제시하는 〈성장의 한계〉 보고서와 생태경제학자 허만 달리(Herman Daly)가 각각 다른 이론과 방법론을 이용하여 제안하는 발전모델이지만 사실 동일한 내용을 제시하고 있다. 이 두 가지 주장이 공유하고 있는 기본 가정은 유한한 자원을 지닌 지구상에서 무한한 성장을 추구하면 한계에 직면한다는 것이다. 따라서 모든 사람이 인간으로서의 존엄과 행복을 누릴 수 있는 기본적 욕구를 충족시킬 수 있도록 충분한 성장을 달성하되, 지구가 감당할 수 있는 한계용량을 초과하지 않는 적정상태에서 양적성장을 멈추고 질적발전을 추구하는 방식으로 전환하자는 주장이다. 이 상태를 생태경제학은 정상상태의 경제(Steady State Economy), 시스템다이내믹스는 동태적 균형상태(Dynamic Equilibrium State)라고 한다. 같은 상태를 다른 용어로 표현하고 있을 따름이다. 정상상태란 물과 같은 유체의 흐름이나 열의 전도, 전류의 동태적인 크기의 상태가 시간의 변화에 따라 바뀌지 않고 일정한 수준에서 지속적으로 유지되는 상태를 말한다. 양적성장을 멈추고 질적 발전으로 전환하는 "일정한 수준"이라는 것이 모호할 수 있다. 그러나 적정 수준을 정확히 모르는 상태에서는 현 상태에서 우선 시작하여 점진적으로 조정하면서 최적점을 찾을 수 있다고 제안한다. 또는 전환 시작점의 추정은 우리가 경제성장을 위해 가장 많이 사용하고 있는 국민총생산지표(GDP)와 지속가능발전과 삶의 질을 보다 더 잘 반영할 수 있는 지표, 예를 들면 참발전지수(GPI, Genuine Progress Index) 등을 같이 활용하여 도움을 받을 수 있다. 참발전지수의 특징은 GDP가 증가하면서 GPI도 같이 증가하지만 GDP가 일정 수준을 넘어서면서부터는 GPI는 오히려 감소하기 시작한다. GDP가 증가하는데 GPI가 감소추세로 변하는 지점은 바로 성장의 편익보다 비용이 더 커지기 시작하는 지점임을 알려주는 정보가 될 수 있다. 전환 지점에 도달하였다는 것을 알려주는 신호로 사용할 수 있다는 것이다. 성장 후의 질적인 발전을 위한 전략과 정책도 다양하게 제시되고 있다. 환경정책은 이렇게 다양한 비전, 목적, 목표, 경로, 이행 방법 등을 포용하는 정책으로 거듭나야 한다. 탈탄소 문명으로의 전환은 생태문명을 향한 거대한 전환을 지향하는 것이다. 환경정책은 생태문명으로의 전환을 촉진하는 촉매자로서, 견인자로서의 역할을 감당할 수 있어야 할 것이다.

환경쿠즈네츠 곡선: 경제성장과 환경오염의 관계

안대한_용인시정연구원 초빙부연구위원

오늘날 경제성장과 환경 보호는 지속가능한발전을 위한 두 기둥으로 주목받고 있다. 특히 기후변화와 환경오염 문제가 더욱 극심해짐에 따라 환경을 얼마나, 어떻게 보존할 것인지에 대한 논의가 필요해졌다. 환경쿠즈네츠 곡선(Environmental Kuznets Curve)은 경제성장과 환경 간의 상관관계를 설명하는 대표적인 이론이다. 이는 경제가 성장함에 따라 환경에 미치는 부정적 영향이 초기에는 증가하지만 일정 소득 수준에 도달한 후에는 오히려 감소하는 경향이 나타날 수 있다고 주장한다. 이를 통해 지속가능한발전의 가능성을 시사하며 각국의 정책 입안자와 연구자들에게 큰 관심을 받고 있다.

쿠즈네츠 곡선

쿠즈네츠 곡선은 경제학자 Simon Kuznets가 1950년대에 발표한 이론으로, 경제 발전과 함께 소득 불평등의 변화가 역U자 형태로 나타난다고 설명한다. 산업화 과정에서 경제가 성장할수록 농촌과 도시 간

그리고 산업 부문 간 소득 격차가 일시적으로 커진다. 하지만 시간이 지나 경제가 성숙해지면 이러한 불평등이 완화된다는 것이다. 이 가설은 당시 주요 선진국들이 경험한 소득 분배 변화와 일치하는 면이 있어 크게 주목받았다.

환경쿠즈네츠 곡선

1990년대 Theodore Panayotou는 쿠즈네츠 곡선의 개념을 환경 분야에 적용한 환경쿠즈네츠 곡선을 제시했다. 환경쿠즈네츠 곡선은 일반적으로 역U자 형태를 그리며 경제 발전 초기 단계에서는 환경오염이 증가하지만 일정 소득 수준에 도달하면 감소한다는 의미를 담고 있다. 전형적인 가정(환경쿠즈네츠 가설)은 다음과 같다. 경제성장이 활발한 초기에는 산업 및 도시화가 본격화되면서 자원 소비와 오염물질 배출이 급증한다. 그러나 소득이 일정 수준 이상으로 증가하면 국민의 환경 인식이 높아지고 이에 따라 정부와 산업체가 친환경 기술을 도입하거나 환경 보호 정책을 강화하기 시작한다. 이러한 과정에서 경제성장이 오히려 환경오염을 줄이는 데 기여할 수 있다는 것이 환경쿠즈네츠 곡선의 핵심 내용이다.

환경쿠즈네츠 곡선에서의 환경오염

환경쿠즈네츠 곡선에서 말하는 환경오염은 다양한 지표로 측정될 수 있으며, 연구 목적과 대상에 따라 구체적인 오염 지표가 달라질 수 있다. 주로 다음과 같은 환경오염 지표들이 사용된다. ① 대기 오염: 이산화탄소(CO_2), 이산화황(SO_2), 질소 산화물(NO_X), 미세먼지(PM10, PM2.5). ② 수질 오염: 생물화학적 산소 요구량(BOD), 화학적 산소 요구량(COD), 총질소(TN) 및 총인(TP), 중금속(수은, 납, 카드뮴 등). ③ 토양 오염: 중금속 농도, 농약 및 화학 비료 잔류물, 토양 산성도(pH). ④ 생태적 영향 지표: 산림 훼손 및 토지 이용 변화, 생물 다양성 지수. ⑤ 종합적 환경 지표: 생태 발자국(Ecological Footprint), 지속 가능성 지수(Environmental Sustainability Index).

이처럼 환경 쿠즈네츠 곡선에서 다룰 수 있는 환경오염 지표는 대기, 수질, 토양, 생태계 등 여러 영역에 걸쳐 있으며 연구 목표와 국가적 상황에 따라 다르게 적용될 수 있다.

환경쿠즈네츠 곡선에서의 경제성장

환경쿠즈네츠 곡선에서 말하는 경제성장 또한 다양한 지표가 적용될 수 있으며, 일반적으로 사용되는 경제 지표들은 다음과 같다. ① 국내총생산(GDP): 1인당 GDP, 1인당 실질 GDP. ② 국민총소득(GNI): 1인당 GNI. ③ 산업 구조: 산업별 GDP 비율, 제조업 및 서비스업 비율. ④ 1인당 에너지 소비량. ⑤ 도시화율. ⑥ 무역 개방도 ⑦ 인구당 GDP 성장률.

다양한 경제적·사회적 지표가 함께 사용됨에 따라 경제성장의 다양한 측면을 반영하여 환경에 미치는 영향을 보다 종합적으로 분석할 수 있다.

환경쿠즈네츠 곡선의 다양한 형태와 적용 방식

환경쿠즈네츠 곡선의 전형적인 형태는 역U자 형태이지만, 국가나 산업에 따라 다양한 형태가 나타난다. 환경쿠즈네츠 곡선은 비선형적 관계를 띠며 다음과 같은 다양한 패턴으로 나타날 수 있다. ① 역U자형: 경제성장 초기에는 오염이 증가하다가 일정 소득 수준에 도달하면 감소하는 전형적인 패턴이다. ② N자형: 경제성장이 중간 단계에서 환경오염이 감소했다가 다시 증가하는 형태로 소득 수준이 매우 높아지면 소비와 자원 사용이 급증하면서 발생한다. ③ 역S자형: 초기에 환경오염이 감소했다가 중간 단계에서 다시 증가하고, 이후 경제가 성숙하며 다시 감소하는 패턴으로 환경 규제가 강한 국가에서 나타날 수 있다.

환경쿠즈네츠 곡선 연구에서는 이렇게 다양한 패턴을 설명하기 위해 국가별, 지역별, 산업별로 다양한 분석 방법이 활용된다. ① 패널 데이터 분석: 여러 국가의 장기 데이터를 패널 형태로 분석하여 국가별 차이와 시간에 따른 변화 등을 종합적으로 분석할 수 있다. 이를 통해 국가 간 소득 수준 차이와 정책이 환경쿠즈네츠 곡선 패턴에 미치는 영향을 파악할 수 있다. ② 산업별 분석: 특정 산업에 대해 환경쿠즈네츠 곡선이 나타나는지 그리고 터닝 포인트가 되는 GDP 값이 산업별로 어떻게 달라지는지를 분석한다. 예를 들어, 제조업과 에너지는 GDP 증가에 따라 오염이 증가할 수 있지만 정보통신업이나 서비스업의 경우 상대적으로 오염이 적어 다른 형태의 환경쿠즈네츠 곡선이 나타날 수 있다. ③ 정책 시뮬레이션과 예측 모델: 환경쿠즈네츠 곡선의 가정을 바탕으로 기후변화 정책이나 친환경 기술 도입이 환경에 미치는 영향을 시뮬레이션한다. 다양한 시나리오를 통해 정책이 터닝 포인트를 앞당기거나 환경오염을 감소시키는 효과를 예측할 수 있으며 이는 정책 입안자에게 유용한 정보를 제공한다.

환경쿠즈네츠 곡선의 시사점

환경쿠즈네츠 곡선은 경제성장과 환경 보호가 조화될 수 있음을 시사하지만, 이를 실현하기 위해서는 몇 가지 중요한 전제 조건이 필요하다. ① 친환경 기술의 도입: 신재생에너지, 전기차, 탄소 포집 기술 등은 경제성장을 이어가면서도 환경오염을 줄일 수 있는 핵심 수단이다. 이를 통해 터닝 포인트를 낮출 수 있으며 성장 초반부터 오염이 감소할 수 있는 조건을 마련할 수 있다. ② 강력한 환경 규제와 정책: 탄소세, 배출권 거래제, 신재생에너지 지원 정책 등이 강화되어야 터닝 포인트에 도달하기 전에 오염 감소가 시작될 수 있다. 이는 환경쿠즈네츠 곡선이 의미하는 터닝 포인트를 앞당기고, 지속 가능한 성장을 도모하는 데 필수적이다. ③ 국제적 협력: 환경 문제는 국경을 초월하는 과제이기 때문에 국제 협력이 중요하다. 기후 협약, 환경 기술 공유, 금융 지원 등을 통해 개발도상국이 환경 보호와 경제성장을 동시에 이룰 수 있도록 돕는 것이 필요하다.

환경쿠즈네츠 곡선의 한계와 역할

환경쿠즈네츠 곡선은 각국의 정책적, 기술적, 사회적 요인에 따라 다양하게 나타나기 때문에 경제성장만으로 환경 문제를 해결할 수 없으며 지속가능한발전을 위한 종합적 접근이 필요하다.

특히, 개발도상국에서는 경제성장과 환경오염 간의 관계가 더 단순하지 않고 초기에는 급격한 오염 증가를 경험할 수 있다. 이는 환경 규제가 부족하거나 기술이 발달하지 않은 경우에 나타난다. 환경쿠즈네츠 곡선의 가정처럼 경제성장만으로 환경오염이 줄어드는 것은 아니다. 많은 경우 강력한 환경 규제와 정책적 개입, 지속 가능한 기술 도입이 함께 이루어져야 환경 개선이 가능하다. 따라서 무작정 성장에만 의존하는 것은 환경 문제 해결에 한계가 있다.

환경쿠즈네츠 곡선은 경제성장과 환경 보호가 상호 보완적으로 작용할 수 있다는 가능성을 제시한다. 올바른 정책·기술적 선택이 이루어진다면 경제성장은 환경 개선에 기여할 수 있다. 환경쿠즈네츠 곡선은 단순한 곡선 이상의 의미를 가지며, 경제성장과 환경 보호를 조화롭게 이어주는 중요한 길잡이로서 지속 가능한 발전을 위한 중요한 통찰을 제공한다.

환경성과평가 지수개발은 왜 필요한가?

한택환_서경대학교 명예교수

노벨경제학상 수상자인 애로(Arrow)는 일찍이 경제통계의 중요성을 강조하면서 경제통계의 생산은 그 한계생산성이 극히 높은 분야라고 하였다. 즉, 조금만 투자하여도 매우 높은 이익을 얻을 수 있는 분야라는 뜻이다. 애로가 이런 말을 한 1950년대 후반은 경제통계가 지금과 같이 잘 정비되기 이전이었다. 현대적인 경제 통계 시스템은 제2차 세계대전 이후 미국에서 등장한 것으로서 1946년의 미국의 고용법에서 비롯된 것이라고 한다. 애로의 시대에 미국의 경제통계는 여전히 초기 상태였고 따라서 경제통계에 대한 투자 대비 이익이 매우 큰 시대였을 것이다. 실제로 그 이후에 여러 국가에서 인플레와 불황을 극복하는 과정을 달성하는 데에는 경제통계의 정비가 결정적 역할을 하였다.

애로는 자유시장경제보다는 국가 주도형 경제에서 경제통계의 중요성이 더욱 크다고 생각하였다. 이와 비슷한 논리로 민간부문의 역할이 큰 경제부문보다는 정부부문의 역할이 절대적인 환경부문에서 통계의 중요성이 훨씬 클 것이다. 그렇지만 현재 환경통계의 정책 부합성은 아마도 경제통계로 보자면 1950년대 후반 정도의 수준이 아닐까 한다.

오늘날 우리나라 환경통계의 정책유용성의 수준은 상당히 낮으며 따라서 애로의 논리에 따르면 환경통계에 대한 투자를 통하여 얻을 수 있는 이익은 매우 클 것이다.

이처럼 국가의 환경성과에 대한 체계적인 평가는 지지부진한 반면 기업에 대한 평가체계는 최근 빠른 속도로 발전하고 있다. 기업을 대상으로 하는 ESG 평가가 매우 활발하게 이루어지고 있으며 공기업과 정부 기관에 대하여서도 ESG 평가가 행하여지고 있다. 이를 평가하는 주체는 피평가업체들과 독립적인 평가기관들이며 객관적이고 합리적인 평가시스템이 개발되고 있다. 기업들은 ESG 평가 점수에 매우 예민하다. 평가 결과는 기업의 평판이나 정부조달 계약, 그리고 발주업체의 수주 가능성 등에 영향을 미치며 자본시장에서 기업가치를 결정하는 요인이 된다. 기업과 투자자에게 ESG 통계정보는 매우 긴요한 분야가 되었으며 기업의 경영 성과와 투자자의 투자성과를 결정하는 중요한 요소가 되고 있다. ESG 지표가 기업의 경영 성과와 기업가치에 유의한 관계를 맺고 있으므로 ESG 지표에 따라서 기업의 경영전략과 투자자의 투자전략이 평가되고 수정되는 것이 일상적인 업무로 되어가고 있다.

그런데 정작 기업과 비교할 수 없을 만큼 중요한 국가와 정부의 환경성과에 대하여서는 독립적인 평가시스템이 잘 개발되고 있지 않다. 이러한 종류의 지표로서 미국 예일대에서 작성하여 2년마다 세계경제포럼에서 발표하고 있는 환경성과지수(EPI)가 있다. 예일대에서 한국의 EPI 점수와 그 순위를 발표할 때마다 일희일비하고 있지만 이 지표는 진지한 정책 피드백으로 사용되고 있지 않다. 그 이유는 이 지수로부터 얻을 수 있는 정보의 의미가 명확하지 않기 때문일 것이다. 순위가 올라가거나 내려갔다고 해서 어떤 정책 대응을 하라는 것인지 그 의미가 명확하지 않다.

환경통계들은 통계자료를 어디에 쓸 것인지 그리고 그 정책 지향점은 무엇인지 불명확한 경우가 많다. 환경정책을 운용하는 도구는 예산투입과 규제정책이므로 필요한 환경통계정보는 예산투입의 규모와 규제 수준을 결정하는 데 필요한 통계정보일 것이다.

일단 환경정책의 성과를 일목요연하게 거시적으로 보여주는 지표가 필요하다. 경제통계의 GDP처럼 국가의 환경부문의 성과를 집계하여 보여주는 통계치가 필요하다. 이러한 통계가 필요한 이유는 우리나라에서의 환경에 투입되는 예산의 규모, 배분 상태, 그리고 규제의 강도나 방향이 적절한지에 대하여 판단이 필요하기 때문이다.

적절한 환경목표를 책정하기 위하여서는 환경 수준을 대표하는 지표가 필요하며 이 지표는 목표를 달성하는 데 필요한 예산의 규모와 규제의 수준에 대응될 수 있어야 한다. 그리고 이 목표하는 환경지표와 이를 달성하는 데 필요한 예산과 규제를 대응하여 보고 어떤 목표 수치가 최적의 목표 수치인지 판단할 수 있을 것이다. 환경지표는 높을수록 좋지만 예산지출과 규제 수준은 낮을수록 좋고, 반면에 높은 환경지표를 달성하기 위하여서는 예산지출의 증가와 규제의 강화가 필요하기 때문에 둘 사이의 균형을 찾아서 최적의 목표값을 구할 수 있을 것이다.

목표 지표가 설정되면 매년 환경지표, 예산지출 규모, 환경규제 수준을 측정하여 목표와 실제 지표와의 갭을 구할 수 있고 그 갭이 발생한 원인과 그에 대한 처방을 찾을 수 있을 것이다. 환경 전체뿐 아니라 수질, 대기, 자원순환 등 부문별로 세부 분야별 그리고 나아가서는 개발정책과제별로 이러한 지표는 개발될 수 있을 것이다.

이러한 지표를 개발하고 작성하고자 하여도 기초통계가 부재하여 이러한 지표를 만들 수 없을 수도 있다. 그렇다면 우선은 부재한 기초통계 대신 다른 통계를 사용하여 지표를 작성하여야 하겠지만 궁극적으로는 필요한 기초통계가 생산되도록 통계 관련 법령과 규정을 정비하여야 한다. 필요한 환경통계의 생산은 일단 통계를 만들어 놓고 그 용처를 찾아보는 방식이 아니라 이처럼 하향식(top-down)으로 정책 수요에 부응하여 생산되어야 한다.

정부가 이러한 일을 직접 하면 바람직하겠지만 그렇지 않으면 민간기관에서라도 이러한 지표를 개발하고 평가할 필요가 있다. 어쩌면 정부가 직접 하는 것보다 독립적인 민간이 하는 것이 더 바람직할 수도 있을 것이다. 왜냐하면 정책을 시행하는 사람과 평가하는 사람은 분리되는 것이 바람직할 것이기 때문이다.

글로벌 환경성과와 한국의 현주소

박순애_서울대학교 교수

환경성과지수(Environmental Performance Index: EPI)의 의의

21세기의 주요 사회적 과제 중 하나는 기후변화, 생물다양성 손실 등 환경문제이다. 화석 연료에 대한 세계 경제의 의존은 대기와 수질 오염, 해양 산성화, 온실가스 농도 상승을 초래하고 있으며, 이러한 변화는 서식지 손실로 이미 위협받고 있는 수많은 종을 멸종 위기에 몰아넣고 있다. 최근 분석에 따르면, 지구의 안전한 작동을 보장하는 9개의 주요 행성 경계 중 6개가 이미 초과되었으며, 7번째 경계도 위태로운 상태다. 이러한 도전과제를 해결하고 지속 가능한 미래로 나아가기 위해서는 고품질의 데이터와 경험적 연구에 근거한 환경정책을 수립해야 하지만, 과학 및 기술 발전이 빠르게 이루어지면서 연구 결과와 정책 간에 간극이 발생하고 있다. 이와 같은 문제의식하에 개발된 환경성과지수(EPI)는 2000년 미국 예일대학교 환경법·정책센터(YCELP)와 컬럼비아대학교 국제지구과학정보센터(CIESIN)가 처음 발표한 환경지속성지수(Environmental Sustainability Index)에서 출발하였다.

그림 1 행성경계(Planetary Boundaries) 2023

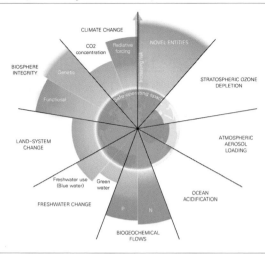

출처: Azote for Stockholm Resilience Centre, based on analysis in Richardson et al.(2023) LicensedunderCCBY－NC－ND3.0.

그림 2 2024 EPI Framework

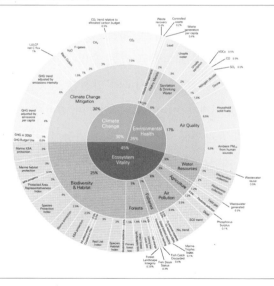

출처: https://epi.yale.edu/

EPI는 ESI에 보다 정량적이고 구체적인 기준을 적용하여, 전 세계 국가의 환경 성과를 계량적 지표를 통해 종합적으로 비교, 평가하는 지수로, 주요 환경문제에 대한 국가별 성과와 정책적 대응을 파악하는 데 유용한 도구로 자리 잡고 있다. 특히, 환경성과지수(EPI)는 유엔 지속가능발전 목표와 관련 글로벌 정책목표를 달성하기 위한 각국의 환경개선 상황을 추적하는 수단으로 활용되며, 국가들이 환경투자에서 최상의 성과를 달성할 수 있도록 적합한 정책을 채택하도록 권장한다.

2024년 EPI의 특징으로는 쿤밍－몬트리올 글로벌 생물다양성 프레임워크(GBF)의 목표를 지원하기 위해 지표를 세분화하고 확장하였다는 점을 들 수 있다. 특히, 2030년까지 전 세계 육상과 해양의 30%를 보호하자는 '30×30 목표'에 맞춰 생태적 가치가 높은 지역과 주요 서식지 보호구역의 성과를 평가하는 지표를 신규로 도입하였다. 총 11개 카테고리의 58개의 성과지표를 활용하여 180개 국가의 환경보건, 생태계 건전성, 기후변화 등 세 가지 주요 목표에 대한 성과를 평가하여 지난 6월 그 결과를 발표하였다.

EPI 전체 순위에서는 에스토니아가 75.7점으로 1등을 차지하였고, 상위권에 룩셈부르크, 독일, 핀란드, 영국, 스웨덴 등 서유럽국가들이 포진하고 있다. 반면 하위권은 20점대로 베트남, 파키스탄, 라오스, 미얀마, 인도, 방글라데시 등 아시아국가들이 포함되었다. 국가가 천연자원을 관리하고 생물다양성과 자연 생태계를 보전하는 능력을 평가하는 생태계 건전성 목표는 룩셈부르크가 최고 점수(83.1), 카보베르데가 최저 점수(22.7)를 기록했다. 생태계 건전성 점수는 다른 목표와의 상관관계가 낮으며, 경우에 따라 국가의 경제수준과 역의 관계를 보이기도 한다. 각국의 환경 성과가 특정 분야에서는 우수하지만 다른 분야에서는 미흡

그림 3 EPI와 인당 GDP 간의 상관관계

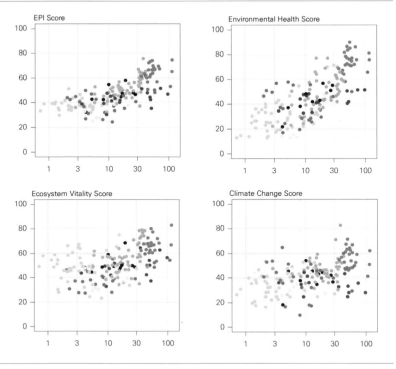

가로축: GDP per capita (ppp 2017 international $, thousands), log scale
출처: 2024 EPI Report. p.8

할 수 있어 점수 분포가 상대적으로 크지 않다. 국가가 대기오염과 기타 환경 위험으로부터 공중보건을 얼마나 잘 보호하는지를 평가하는 환경보건 목표는 아이슬란드가 90.2로 가장 높고, 레소토가 13.0으로 가장 낮게 나타났다. 대개 부유한 국가는 오염통제 인프라에 대한 투자로 높은 점수를 기록하지만, 저소득 국가는 제한된 자원으로 인해 낮은 점수를 받는 경우가 많다.

2024년 한국 환경성과

　　2024년 EPI 평가 결과 한국은 180개국 중 58위로 평가되어 2022년 대비(63위) 5단계 상승하였다. 전체 평균은 50.6점으로 지난 10년간 5.3점 상승하였다. 정책목표별로 살펴보면 생태계건전성의 겨우 48.8점에 100위로 평가되어 가장 순위가 낮게 나타났으며, 이어서 기후변화는 47점에 58위, 환경보건은 58점에 45위로 세 목표 중 가장 높은 점수와 순위를 보여주고 있다. 정책범주별로는 '생물다양성/서식지'가 가장 낮게 평가되어 32.8점에 139위를 기록하고 있다. 순위가 가장 높은 범주는 13위(64.7점)로 폐기물 관리, 점수가 가장 높은 범주는 위생 및 식수로 90.1점(27위)를 획득하였다. 그러나 동일 정책 범주 내에서도 개별 지표의 편차는 크게 나타나고 있다. 대기오염 범주(생태건전성 목표)의 질소산화물(NOx Trend) 배출 증가율, 이산화황 배출증가율 1위로 100점 만점이지만, 오존 관련 지표는 140위권에 20점대로 평가되고 있다. 특이하게도 범주는 다르지만 대기질(환경보건목표)의 SO_2 노출도와 CO 노출도는 둘 다 173위에 각각 13.9점과 0점으로 배출증가량과는 정반대의 평가를 받았다.

　　정책범주별 하위 지표를 살펴보면 다음과 같다. 생물다양성 및 서식지 범주의 레드 리스트 지수(Red List Index)는 국가 내 종들의 멸종 위험 수준을 측정하는 지표로 0점, 164위로 평가되었다. 어업범주에서는 배타적 경제수역내 끌망어업이 123위에 21.2점, 농업범주에서는 인 과잉(Phosphorus Surplus) 지표가 171위 21.1점을 받았다. 수자원범주에서는 폐수량(Wastewater generated)이 168위 14.9점, 폐기물관리에서는 인당 폐기물발생량이 128위 31.4점, 기후변화 완화 범주에서는 2050 예상 배출량(Projected emissions in 2050)이 166위 4.1점으로 나타났다.

한국	2010	2012	2014	2016	2018	2020	2022	2024
EPI 순위	94위/ 163개국	43위/ 132개국	43위/ 178개국	80위/ 180개국	60위/ 180개국	28위/ 180개국	63위/ 180개국	58위/ 180개국

그림 4 기후변화와 EPI 점수

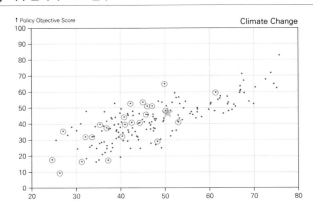

출처: https://epi.yale.edu/country/2024/KOR

그림 5 생태건전성과 EPI 점수

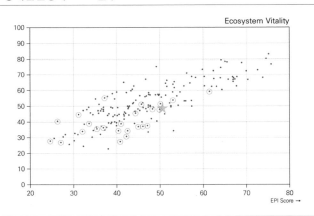

출처: https://epi.yale.edu/country/2024/KOR

지난 10년간 변화추이를 살펴보면 정책목표 중에는 기후변화의 상승폭이 11.5점으로 가장 높고, 생태계건전성이 2.2점으로 가장 낮게 나타났다. 정책범주에서는 기후변화완화가 정책목표와 동일 카테고리로 가장 높고, 이어서 중금속이 7.4점으로 상승하였으며, 산림범주가 −6.4점으로 하락 폭이 가장 컸다. 지표별는 편차가 상당히 크게 나타나는데 예를 들어 생물다양성 및 서식지 범주의 종보호지수(Species Protection Index)는 27.3점이 상승한 반면, 동일범주의 레드리스트지수는 −10.4점으로 하락하였다. 산림 범주의 영구산림손실(Tree cover loss weighted by permanency)이 −10.2점, 어업범주에서는 어족자원량(Fish Stock Status)이 −8.8점, 대기오염 범주에서는 오존노출농경지(Ozone exposure crop-lands)가 −16.7점, 농업에서는 지속가능한 질소관리(Nitrogen Management)지수 −2.6점, 대기질에서는 오존노출도 −3.9점, 기후변화에서는 아산화질소(nitrous oxide, N_2O) 배출증가율이 −18점으로 하락하였다.

2024 글로벌 환경성과평가의 시사점

2024년 환경성과지수 평가가 각국의 환경정책에 시사하는 바는 다양하지만, 특히 다음 세 가지는 모든 국가에 중요한 의미를 가진다. 첫째, 재생 에너지의 보급이 기록적인 수준에 이르렀음에도 불구하고, 온실가스(GHG) 배출은 여전히 증가하고 있으며, 이는 지구 기후 시스템에서 되돌릴 수 없는 전환점을 넘어 위험을 높이고 있다. 2024 EPI의 지난 10년간 배출 추세 분석에 따르면, 에스토니아, 핀란드, 그리스, 동티모르, 영국을 포함한 단 5개국만이 2050년 탄소중립 목표를 달성하기에 필요한 속도로 GHG 배출을 감축해 온 것으로 나타났다. 그러나 이들

국가 중 어느 나라도 최근 몇 년간의 감축 속도를 지속할 수 있을지에 대해서는 불확실하다. 세계 주요 경제국들의 배출은 미국과 같이 매우 느리게 감소하거나, 중국, 인도, 러시아와 같이 여전히 증가하고 있는 것으로 나타났다. 또한, 영국을 제외하면, 2022년 EPI 보고서에서 2050년까지 넷 제로 달성 경로에 있는 것으로 평가되었던 모든 국가들이 이후 그 경로에서 이탈했다. 예를 들어, 덴마크의 탈탄소화 속도는 최근 몇 년간 둔화되었는데, 이는 석탄에서 천연가스로의 전환 및 재생 에너지 확대와 같은 비교적 쉬운 정책으로 초기 성과를 이루었으나, 이러한 조치만으로는 충분하지 않다는 점을 보여준다. 배출을 필요한 속도로 줄이기 위해서는 재생 에너지에 대한 지속적인 대규모 투자, 식량 시스템의 변화, 건물과 교통 수단의 전기화, 그리고 도시 재설계가 필수적일 것이다.

둘째, 기후 변화에 이어 생물다양성 손실이 가장 심각하고 되돌릴 수 없는 환경 위기로 부상하고 있다. 과학자들은 지구 역사상 여섯 번째 대멸종이 이미 시작되었을 가능성을 경고하며, 이로 인해 인간 사회의 안정성과 지속 가능성이 크게 위협받을 수 있음을 지적하고 있다. 2024년에 새롭게 도입된 파일럿 지표 평가 결과에 따르면, 많은 국가들이 보호지역 설정 목표를 달성했음에도 불구하고, 여러 보호지역이 자연 생태계 손실을 효과적으로 막지 못하고 있는 것으로 나타났다. 예를 들어, 23개국에서는 보호된 토지의 10% 이상이 농경지나 건물로 점유되고 있으며, 35개국에서는 해양 보호구역 내의 어업 활동이 구역 외부보다 더 활발하게 이루어지고 있는 것으로 분석되었다. 이러한 결과는 단순히 보호구역을 설정하는 것만으로는 장기적인 생물다양성 보전을 보장할 수 없음을 보여준다.

마지막으로 EPI 점수는 국가의 경제 수준과 긍정적인 상관관계를 보이지만, 국가의 부가 일정 수준을 초과하면 추가적인 환경 성과는 감소하는 경향이 나타났다. 그러나 경제 발전의 모든 단계에서 일부 국가는 비슷한 경제 수준의 다른 국가보다 뛰어난 성과를 보이며, 반대로 몇몇 국가는 기대에 미치지 못하는 성과를 나타냈다. 예를 들어, 세계에서 가장 가난한 국가 중 하나인 짐바브웨는 오히려 몇몇 부유한 국가보다 뛰어난 환경 성과를 보인 경우도 있다. 경제 수준 외에도 인적 자원 개발, 법치, 규제 품질 등이 환경 성과를 예측하는 중요한 요소로 나타났다. 2024 EPI는 완전히 지속 가능한 경로를 걷고 있는 국가는 없음을 강조한다. 부유한 국가는 깨끗한 식수 제공, 안전한 폐기물 관리, 재생 에너지 확장을 위한 인프라에 투자할 수 있는 자원이 있지만, 동시에 높은 자원 소비로 인해 환경에 부정적인 영향을 미칠 가능성이 크다. 이러한 상충관계는 국제적 협력의 필요성과 더불어, 사회가 추구하는 개발 모델에 대한 문화적 변화를 요구한다. 개발도상국은 환경을 훼손하는 지속 불가능한 산업화 경로를 걸었던 선진국의 실수를 반복하지 않도록 주의해야 하며, 반면 부유한 국가는 소비와 환경 훼손을 분리하고, 개발도상국이 지속 가능한 발전 경로로 나아갈 수 있도록 지원해야 한다. 이는 생물다양성과 같은 글로벌 공공재를 인류 전체의 이익을 위해 보존하는 데 기여할 수 있을 것이다.

PART 5

국제 환경협력과
지속가능한 도시 발전

1

환경정책에서 공간정보의 전략적 활용

이상혁_한국환경연구원 박사

도시와 자연의 공존: 공간정보의 필요성

우리는 종종 길을 걷거나 지도를 볼 때 이질적으로 보이는 공간들과 마주친다. 초고층 빌딩이 밀집해 있는 뉴욕 속의 센트럴파크, 인천 송도 신도시 주변 갯벌에 지정된 습지보호구역, 산림이 울창한 지역에는 대형 스키장, 골프장과 리조트 개발시설이 존재하고, 대형 건물과 도로가 밀집한 서울의 한강변은 300여 종이 넘는 야생동물의 삶의 터전이기도 하다. 즉, 시멘트로 채워져 있는 회색의 개발된 공간과 자연 그대로 비어 있는 보전의 공간이 서로 혼재되어 있다. 도시와 자연, 분명 단어의 의미 간의 거리는 공존할 수 없어 양끝단에서 서로 대척되지만 하나의 공간 속에서 살펴보면 매우 조화롭게 느껴진다.

우리나라의 국토는 현재와 미래의 토지이용을 고려하기 위해 「국토의 계획 및 이용에 관한 법률」 제6조에 따라 도시, 관리, 농림, 자연환경보전으로 크게 4가지 용도지역으로 분류되는데, 인구의 92.1%가 바로 이 도시지역에서 거주하고 있다. 특히 수도권 인구 집중화 현상은 국토

균형발전에 문제가 되는 사례로 익히 알려져 있으며, 이에 따른 국토의 효율성 저하로 이어지는 것이 일반적인 사실이다. 과거 경제성장에 따른 도시의 개발은 주변지역 확산으로 이어졌고, 생태계 단절과 생물다양성 감소를 야기하였다. 또한 확장에 밀려난 공장시설들은 기존의 주거지와 함께 혼재되어 있는 경우도 존재한다. 이러한 공간구조적인 특징 속에서 최근에는 저성장, 저출생 등 사회적인 영향에 따른 인구감소가 화두가 되고 있으며 이에 따른 지역 공동화현상, 소멸지역 발생, 쇠퇴도시 진행 등으로 확대되고 있다. 이는 비단 인간사회의 문제뿐만이 아닌 생태계 문제로까지 확대해서 살펴보아야 한다. 인간의 활동이 뜸해지는 지역들이 나타나면 자연성이 회복되어 생물다양성이 증가한다고 생각하기 쉬우나 생태적으로는 방치된 시설이 오히려 물리적인 장벽이 될 수 있으며, 방치된 지역이 오염원으로 작용하여 황폐화될 가능성이 더 클 수도 있다. 따라서 개발과 보전의 균형을 유지하며 지속가능한 환경을 조성하기 위해서는 객관적이고 과학적인 공간정보를 기반으로 전략적으로 접근하는 것이 필수적이다.

공간정보 기술 발전과 사회적 확산

오늘날 우리는 언제 어디서나 공간정보를 손쉽게 접할 수 있다. 내 위치를 기반으로 주변에서 중고물품을 서로 사고팔 수 있는 서비스, 배달음식을 간편하게 신청할 수 있는 서비스, 운동 경로를 관리해주는 서비스, AR 게임, 길 안내 네비게이션, 실시간 주변 교통정보, 택시 호출 서비스까지 수많은 종류의 서비스가 공간정보를 기반으로 우리 삶 깊숙이 스며들어 있다. 사실 이러한 공간정보의 발전은 1998년에 발생한 대구 지하철 가스폭발 사고를 통해서 우리나라 공간정보화의 시발점이 되었다고 한다. 당시 사고는 매설된 지하 시설물에 대한 공간정보 통합관리의 부재로 발생한 인재였는데, 1991년 낙동강 페놀 유출 사건이 환경영향평가 제도의 큰 도약을 불러왔듯이 공간정보 분야에서도 전환점을 맞이하게 된 것이다. 물론 기술적 준비가 되어 있었기에 발전이 가능했었는데, 당시는 컴퓨터 성능의 급속한 발달과 맞물려 디지털 지도가 등장하면서 지리정보시스템(GIS) 기술이 급속도로 발전하던 시기였다. 이미 1982년부터 종이도면으로 작성된 지적도가 전산화되기 시작하였으며, 1990년대 토지대장 전산화에 이어 지적도면 전산화 사업이 진행되면서 약 100년간 사용됐던 종이 지적도는 2024년에 이르러 법적으로도 완전히 사라지게 되었다.

2000년대는 민간에게 본격적으로 개방된 GPS 기술은 공간정보의 정확도와 활용성이 비약적으로 향상된 시기였다. 원격탐사(remote sensing) 기술의 발전으로 대규모 지리정보 수집이 가능해진 시기이며, 발전된 인터넷 환경을 바탕으로 2005년에 Google Maps가 출시되어 공간정보의 본격적인 대중화가 시작된 시기이기도 하다. 필자 또한 공간정보에 대한 관심을 갖기 시작한 의미있는 시기였는데 비록 전공 커리큘럼에 공간정보와 관련된 과목은 없었지만 시대를 잘 만난 덕분에 인터넷으로 많은 정보를 수집할 수 있었기 때문이었다. 그동안 공간정보 관련 산업의 기술발전과 정책적 변화에 따라 수많은 변곡점들이 있었다. 특히 스마트폰의 보급이 그 확산의 단초가 되었다고 할 수 있다. 스마트폰과 모바일앱의 도입으로 공간정보의 실시간 활용이 가능해졌기 때문에 앞서 기술한 바와 같은 위치기반 서비스(LBS)의 확산을 주도하게 되었으며, 이제는 교통, 쇼핑, 안전, 물류 등 다양한 산업과 융합하여 필수적인 기술로 자리잡았다.

최근에는 데이터 분석 및 사물인터넷(IoT) 기술과 결합하여 드론 및 센서를 활용한 정밀 지도를 제작하는 등 실시간 공간정보의 활용성과 이에 따른 데이터 양이 폭증하게 되었고, 재난관리 등 도시문제 해결을 위한 공간정보 활용이 증가되면서 데이터 경제의 중심으로 부상하고 있다. 미래에는 인공지능(AI)과 공간정보의 결합으로 공간정보 분석 속도와 정확도의 비약적인 향상으로 예측 시뮬레이션을 통한 정책적 의사결정이 가능할 것으로 기대가 된다.

도시계획 및 환경계획에서의 공간정보

한편 우리가 존재하는 모든 공간은 고유의 공간성을 띠고 있는데, 앞서 언급한 용도지역만 살펴보더라도 토지의 용도 구분을 위해서는 도시기본계획 수립을 통해 미래 비전을 제시하고, 도시관리계획을 통해 공간을 재구성한다. 이러한 계획에 따라 도로 하나의 차이로 토지의 가치가 달라지거나 용도지구, 용도구역의 경계선 하나로도 토지가격의 차이가 발생하기 때문에 사람들의 관심과 이목이 집중되는 이유이다.

우리 주변에서 이러한 공간성을 나타내는 정보를 통칭하여 공간정보라 부른다. 특히 환경공간정보는 환경(環境)이라는 의미를 바탕으로 하기 때문에 환경과 관련된 다양한 정보를 의미하는데 자연생태계, 수질, 대기, 자원순환 등 다양한 환경 매체에서 만들어지는 정보가 공간적 형태로 정의되는 것이 바로 환경공간정보이다. 이러한 환경부문에서의 공간정보는 정책 결정자에게 필수적인 데이터를 제공한다. 이를 통해 환경 문제를 정확히 이해하고, 적절한 대응 방안을 마련하는 데 중요한 역할을 수행한다. 하지만 공간정보에는 양면성이 존재한다.

단편적인 예를 통해 살펴보자. 십수 년 전 뉴스에서 '침묵의 살인 자'로 불린 석면이 1급 발암물질로 지정되면서 큰 화제가 되었다. 긴 잠복기를 거쳐 폐암을 유발하는 것으로 알려진 석면의 위험성에 대한 우려로 환경부에서는 암석 내 자연적으로 존재하는 석면의 가능성을 인지하고 자연발생석면 지질도를 제작했다. 개발 사업 시 토지 이용에 따라 석면이 노출될 수 있기 때문에 석면이 있을 확률을 지도로 만들어 공개한 것이다. 하지만 토지가격 하락 등 재산권 침해 우려로 인해 토지 소유주 및 지역 주민들의 반발에 부딪혀 이내 비공개로 전환하였다. 만약 GTX 철도망이나 기관, 대기업 등의 유치와 같은 개발 정보였다면 누구에게나 환영받을 수 있는 공간정보였을 것이다. 이런 모습은 마치 동전의 양면과도 같다.

우리 모두가 공동체의 이익을 원하지만, 누군가는 불합리한 처사라고 여길 것이다. 극명하게 대치되는 현상은 현대 사회에서 지역 주민들의 이기주의와 사회적 갈등의 단면을 보여주는 사례라 할 수 있다. 이처럼 일반적으로 도시개발 관련 정보는 환영받지만, 환경관련 정보의 공개는 부정적으로 취급받는 것이 현실이다. 이와 마찬가지로 도시계획과 환경계획은 각각 대척점의 위치에서 독립적인 계획 목표와 영역을 가질 수 있다. 하지만 실제로는 개발과 보전이 상호 밀접하게 연결되어 있기 때문에 통합관리를 필수적으로 고려해야만 한다. 특히 국토 및 도시계획을 수립할 때는 토지이용 및 용도지역 지정, 개발축 설정 등을 고려하는데 자연·생태, 대기, 수질 등을 포함하는 환경적 가치와의 적극적인 연계가 필요하다.

국토교통부와 환경부는 오랜 기간 논의와 숙의를 거쳐 지난 2018

년 양 부처 간 「국토계획 및 환경계획의 통합관리에 관한 공동훈령」을 제정하게 되었다. 도시 확장으로 인한 생태계 단절과 오염원 증가에 따른 환경적 영향을 최소화하기 위해서는 개발 계획 단계에서부터 가능성을 차단하고 조정하여 사전에 이해상충을 방지하여야 한다. 이를 위해서는 두 계획을 단순히 병렬적으로 수립하는 것이 아니라 체계적인 융합을 바탕으로 한 종합적 접근이 필요한데, 이러한 과정에서 두 계획 간에 소통의 언어로 활용될 수 있는 것이 바로 공간정보라고 생각한다.

환경계획 수립 시 지역의 생태계, 기후변화, 오염 수준 등의 정보를 종합적으로 고려한 공간정보를 제시하고 도시계획과 연계한다면, 이해관계자 간의 소통이 원활해지고 개발과 환경의 괴리가 해소될 것으로 보여진다. 앞선 공동훈령 제12조에서 국토계획 및 환경계획의 수립에 필요하다고 협의된 국토공간정보 및 환경정보를 공유하도록 제시되어 있는 것 또한 이와 같은 이유일 것이다.

지속가능한 환경정책을 위한 공간정보 활용

우리나라 환경 관련 법체계에서의 최상위 법률인 「환경정책기본법」은 헌법 제35조에 명시된 환경권 보장과 쾌적한 환경에서의 삶을 실현하기 위한 구체적인 법적 장치이다. 「환경정책기본법」 제23조에서는 환경친화적 계획기법 등의 작성을 위하여 '환경성 평가지도'를 작성하고 이를 보급하도록 명시되어 있다. 수십 가지의 공간 주제도를 바탕으로 국토의 환경적 가치를 5m 격자단위로 평가하여 환경적 중요도에 따라 1등급부터 5등급까지 구분하는 지도가 바로 '국토환경성평가지도'이다. 환경적으로 얼마나 보전가치가 있는지에 대한 정도를 5가지 척도로 제시하기 때문에 매우 직관적이고 체계적인 활용이 가능하며, 개발의 가능성, 보전의 필요성에 대한 명확한 공간 의사전달이 가능한 장점이 있다. 한편 동법 제24조에서는 공간정보를 포함한 자연환경 및 생활환경과 관련한 정보를 국민에게 보급하게 되어있으며, 토지피복지도, 환경부문 용도지역 및 용도지구, 생태·자연도, 국토환경성평가지도, 도시생태현황지도, 생태계서비스평가지도, 기후변화 취약성 평가지도, 물환경정보, 대기오염 정보 등 여러 가지의 환경공간정보를 제작하고 운영할 수 있는 근거법령이 되기도 한다. 실제로 각 부처별로 다양한 공간정보가 제작 및 활용되고 있지만 환경분야만큼 매체가 다양하지 않다. 인공위성, 드론, AR, 디지털트윈, AI, 양자컴퓨터 등 공간정보 관련 기술의 대중화, 산업 간 융합을 통한 공간정보 활용성 확대, 제반사항 지원을 위한 공간정보 정책 강화 등으로 중요성이 높아지고 있는 시대에서 환경공간정보의 미래 활용분야는 쉽게 단언할 수 없을 만큼 확대될 것으로 예상된다.

공간정보 활용의 한계와 전략적 활용

하지만 앞으로 공간정보의 활용성 확대를 위해서는 해소해야만 하는 과제가 존재하는데, 그 중 첫 번째로 정보의 특성상 제한된 정보가 많다는 것이다. 예컨대 공장 등에서 배출되는 오염원 정보 확대의 경우는 성분자료 공개에 따른 기업 노하우 공개가 우려된다거나, 특정성분에 대한 부족한 이해로 왜곡된 정보의 전달 등이 발생할 가능성이 있어 상세한 정보의 구축이 제한된다. 두 번째로 「개인정보 보호법」은 개인을 식별할 수 있는 데이터 접근에 매우 제한적이기 때문에 토지 소유

정보 또는 위치정보를 활용한 정보 활용에 제한이 있다. 세 번째로는 「국가보안법」에 따라 우리나라에서 제작되는 위성영상 및 항공영상들은 국가중요시설, 군사시설 등에 대한 보안을 목적으로 산림이나 농지로 위장처리를 하고 있어 활용에 한계가 따른다는 점이다. 주변에 알 만한 공항을 지도로 확인해보자. 푸르른 숲과 논으로 어색하게 덮여있는 것을 볼 수 있다. 문제는 비식별화 처리되어 제공된 영상자료를 바탕으로 토지피복지도나 임상도와 같이 환경정책의 기초가 되는 주제도가 제작된다는 점이다. 이럴 경우 오류를 수반하여 작성될 수밖에 없다. 향후 이러한 제도적 한계를 개선하여 환경정책 추진 과정에서 공간정보가 보다 폭넓게 활용되기를 기대해 본다. 특히 지속가능한 발전을 위해 다양한 환경정보를 전략적으로 활용하고 데이터 기반의 정책적 의사결정을 강화하여 복잡한 환경 문제를 통합적으로 해결할 필요가 있다. 이를 실현하기 위해 체계적이고 포괄적인 환경정보 플랫폼을 구축하고 효과적으로 운영함으로써 실효성 있는 환경정책 마련에 기여할 수 있을 것이다.

녹색 ODA의 지원추세와 개선 방향

윤종한_고려대학교 겸임교수

    해외원조 또는 국제개발협력(International Development Assistance)이라 불리는 공적개발원조(Official Development Assistance, 이하 ODA)는 제2차 세계대전 후 저개발국과 개발도상국의 빈곤해결과 경제성장에 초점을 두고 시작된 것이었다. 그러나 1990년 이후 환경보호와 경제성장을 조화롭게 추구하는 지속가능발전(sustainable development)의 개념이 유엔과 국제사회에 의해 전지구적 차원에서 추구해야 할 목표로 제시되면서 빈곤퇴치와 경제성장 관련 분야와 더불어 환경분야에 대한 원조가 급속히 증가하게 되었다. 2015년 이후에는 지속가능발전의 개념이 국제개발협력 분야와 본격적으로 접목되어 ODA 전반에 걸쳐 추구해야 할 목표인 SDGs(Sustainable Development Goals)로 제시되면서 환경 분야의 원조는 녹색 ODA라고 불리며 대외원조의 한 축으로 자리잡게 되었다.

녹색 ODA의 다양한 개념들

    녹색 ODA(Green ODA)라는 명칭은 환경과 개발협력 분야의 학자들과 시민단체들, 그리고 정책실무자들에 의해 자연스럽게 불리기는 했으니 녹색 ODA에 대한 합의된 개념은 아직 없다고 할 수 있다. 즉, 녹색 ODA의 개념이 공식적으로 정해져 있다기보다는 다양한 기관과 학자들에 의해 녹색 ODA 개념이 각각 정의되고 연구 및 정책 실무에 활용되고 있는 실정이다.

가장 보편적으로 사용되고 있는 개념은 경제협력개발기구(Organization for Economic Cooperation and Development: OECD)의 개발원조위원회(Development Assistance Committee: DAC)가 원조활동의 목적을 구분하기 위해 사용하는 CRS(Creditor Reporting System)의 분야 및 목적 코드에서 환경 및 에너지에 해당하는 사업이나 정책분야에 부여하는 정책마커인 리우마커 또는 환경마커에 해당하는 활동을 녹색 ODA로 간주하는 것이다.

CRS 코드는 ODA 사업을 분야별로 분류하는 기준으로서 5자리 숫자로 구성되어 있다. 앞의 세 자리는 분야를 나타내고 뒤의 두 자리는 사업의 내용을 나타냄으로써 사업의 성격을 쉽게 파악하고 원조사업에 대한 데이터를 수집 및 관리할 수 있게 한다. CRS 목적코드를 활용해 기후변화 완화와 적응 활동으로 간주할 수 있는 신재생에너지, 에너지 효율, 산림관리 등의 에너지 및 환경과 관련된 사업을 녹색 ODA로 간주할 수 있는 것이다.

리우마커(Rio Marker)는 1992년 지구정상회의에서 채택된 리우선언을 통해 체결된 협약인 생물다양성 협약, 사막화 방지 협약, 그리고 기후변화 협약의 목표 달성이 목적인 사업을 표기하는 것이다. 1998년부터 OECD DAC는 리우협약의 목표인 생물다양성 보호, 사막화 방지, 기후변화 완화를 위한 사업을 식별하기 위해 리우마커를 사용했으며,

2010년 이후 기후변화 완화뿐 아니라 기후변화 적응을 위한 사업이 리우마커에 추가되었다.

환경마커(Environmental Marker)는 "수원국이나 해당 지역의 물리적이고 생물학적인 환경 개선을 야기하는 활동이나 제도구축과 역량개발을 통해 환경적 측면을 개발목표에 통합시키는 활동"을 의미한다. 환경마커에는 전 지구적인 수준의 문제를 다루는 사업보다는 지역이나 국내 수준에서의 환경의 지속가능성을 추구하는 것이 목적인 사업들이 포함된다.

CRS, 리우마커, 환경마커 외에도 녹색 ODA는 다양한 실무적 또는 학술적인 차원에서 정의된다. 한국 정부의 경우 녹색 ODA 논의가 본격적으로 부상한 것은 이명박 정부에서 친환경적인 사업을 통해 경제성장 동력을 창출하자는 취지의 녹색성장을 국정기조로 삼으면서부터다. 이명박 정부는 2012년 개발도상국의 녹색성장을 지원하는 것을 목표로 녹색 ODA를 추진했으며, 한국 정부의 녹색 ODA의 개념은 녹색성장의 틀 속에서 리우마커 혹은 환경마커에 포함되는 사업을 녹색 ODA로 간주했다.

학계에서의 논의 중 잘 알려진 것은 Robert Hicks와 그 동료들이 2008년 "원조의 녹색화?"라는 녹색 ODA 분야의 선구적인 연구를 통해 제안한 녹색 ODA 개념이다. Hicks 등은 환경 ODA를 생물다양성이나 기후변화와 같은 전 지구적 공공재와 관련된 원조를 의미하는 녹색(Green) ODA와 수질개선이나 폐기물 처리 등 특정 지역과 관련된 원조를 의미하는 갈색(Brown) ODA로 구분하여 정의한다. 그 외에도 지속가능발전 목표(SDGs)에서 환경부문을 의미하는 목표인 6(깨끗한 물과 위생), 11(지속가능한 도시와 공동체), 12(지속가능한 소비와 생산), 13(기후변화 대응), 14(해양생태계), 15(육상생태계)번 목표를 녹색 ODA로 정의하자는 강성진이 2022년 제기한 주장도 있다.

녹색 ODA에 대한 관심이 높아지면서 이렇듯 다양한 녹색 ODA 개념이 제안되고 있으며, 연구자나 정책실무자들의 선호에 따라 녹색 ODA 개념이 분석이나 정책기획에 선택적으로 사용되고 있는 실정이다. 녹색 ODA가 환경과 관련된 ODA라는 데는 이견이 없으나, 전 지구적 환경문제와 관련된 사업인지 아니면 지역 환경문제에 대처하는 사업인지, 또는 대기, 물, 토양, 폐기물 등 전통적인 환경 관련 사업을 의미하는지 아니면 재생에너지 보급이나 에너지 효율 등 보다 광범위한 사업들을 포함하는지에 따라 녹색 ODA가 의미하는 바가 다를 수 있는 것이다.

녹색 ODA 지원의 국제적 추세

녹색 ODA에 대한 지원추세도 다양한 녹색 ODA의 개념을 사용해 분석이 되었으나 전반적인 지원추세에 있어 녹색 ODA 개념별로 주목할 만한 차이를 보이지는 않는다.

1990년부터 2019년까지의 녹색 ODA 추세를 분석한 강성진의 2022년도 연구에 의하면 국제적 수준에서의 전체 ODA 대비 녹색 ODA 비중은 전반적으로 증가하는 추세이다. 특히 최빈국과 군소도서국을 중심으로 기후변화 대응을 위한 녹색 ODA 지원이 증가하는 추세를 보여주고 있음을 임소영의 2016년도 연구는 밝히고 있다.

기후변화와 관련한 녹색 ODA 사업의 지원추세는 기후변화 완화와 적응의 두 측면으로 나누어 볼 수 있다. 기후변화 완화는 기후변화의 원인으로 지목되고 있는 이산화탄소 등 온실가스 배출을 감축하는 것을 의미하며, 기후변화 적응은 발생할 가능성이 있는 재난에 대처할 수 있는 회복력(resiliance)을 향상시키는 사업이다. 기후변화 완화와 적응 사업의 비중을 조사한 임소영의 연구를 보면 2008년부터 전체 기후금융의 약 58%가 온실가스 감축 관련 사업에 지원되어서 기후변화 적응보다는 완화에 좀 더 비중을 두는 것을 알 수 있다. 한편 적응사업의 경우에는 사하라 이남 아프리카에 전체의 약 40%를 지원해서 최빈국가 위주로 적응사업이 지원되는 것을 알 수 있다.

녹색 ODA를 가장 많이 지원한 국가로는 SDGs 중 환경 관련 목표로 정의된 녹색 ODA의 개념에 따를 때 일본, 독일, 미국, 프랑스, 한국 순임을 강성진의 연구는 밝히고 있다. 환경마커에 의한 녹색 ODA와 리우마커에 따른 녹색 ODA도 일본이 가장 많이 지원해서 녹색 ODA 개념에 따른 지원추세의 차이는 크지 않은 것으로 보여진다.

한국의 녹색 ODA 지원추세

한국은 2006년 한국국제협력단(KOICA)에 환경여성팀을 신설해 녹색 ODA에 대한 지원을 시작한 이래 2008년부터는 동아시아 기후파트너십 사업을 통해 기후변화 대응지원을 하는 등 녹색 ODA 활동을 지속적으로 확대해왔다.

한국의 녹색 ODA 지원추세의 특징이라면 시기 또는 정권의 변화와 상관없이 녹색 ODA가 지속적으로 증가하고 있다는 것이다. 국제적으로는 OECD DAC 회원국의 녹색 ODA가 2000년대에 비해 2010년대에 감소했음에도 불구하고, 한국의 녹색 ODA는 계속 증가했으며 향후에도 양자 간 녹색 ODA 사업 비중을 2030년까지 30% 확대할 계획이다.

한국의 경우 총 ODA 금액 대비 녹색 ODA의 비중도 국제적인 추세보다 많은 편이다. SDGs 중 친환경적 사업을 녹색 ODA로 간주해 분석한 연구에 따르면 국제적으로 1990~2019년간 총 ODA 금액 대비 녹색 ODA는 59%인 반면, 한국의 경우는 전체 ODA의 73.%를 차지해 녹색 ODA에 비중을 상대적으로 많이 두고 있음을 알 수 있다.

기후변화에 대한 대응과 관련해 한국의 녹색 ODA는 기후변화 완화에 중점을 두는 국제적인 지원추세와는 달리 기후변화 적응 관련 사업에 비중을 더 많이 두고 있는 것도 특징이라 할 수 있다.

녹색 ODA의 이슈와 향후 지원 방향

녹색 ODA에 대한 지원이 양적으로 증가했고 지원분야에 있어서도 기후변화 완화뿐 아니라 기후변화 적응을 포함하는 등 내용적으로도 다양화되고 있다는 점은 긍정적으로 평가되고 있다.

그러나 녹색 ODA를 정의하는 데 있어 Hicks와 동료들은 기후변화와 같은 전지구적 문제를 녹색으로 분류하고 지역적 차원의 환경문제를 갈색으로 분류하고 있으며, 한국의 경우도 그린 ODA라는 표현을 통해 녹색 ODA의 개념을 명확히 하고 있지는 않으면서도 그린 ODA의 목표를 "글로벌 기후변화 대응과 상생의 녹색회복 선도"로 제시하면서 녹색성장과 기후변화에 대한 대응에 초점을 맞추고 있다. 그러다 보니 지원사업 선정에 있어서도 기후변화 대응과 관련이 있는 사업인지의 여부가 주요 고려 사항이 되는 등 수원국이 산업화 과정에서 현실적으로 직면하고 있는 대기오염이나 수질오염, 폐기물 문제 등 전형적인 환경문제들에 대한 대처가 기후변화 대응과 같은 공여국의 이해와 맞물린 부분에 비해 상대적으로 소홀히 취급되고 있다는 국내외 학계의 비판이 있다. 따라서 향후 녹색 ODA의 지원 방향은 전 지구적인 차원의 환경문제뿐 아니라 공여국의 이해와 연관된 기후변화 대응 등의 이슈와 직접적인 관련이 부족하더라도 수원국에게 시급하게 해결이 요구되는 지역적인 환경문제에도 지원을 충분히 하는 방향으로 개선해 나가야 할 것이다.

자치단체의 '국제환경도시' 전략과 국제환경네트워크

신동애_기타큐슈대학교 교수

산업화가 진행되면서 도시 인구도 지속적으로 증가하여 세계 인구의 약 60%가 도시 지역에 거주하고 있다. 도시화 비율이 높아지면 대기오염, 수질오염, 쓰레기 배출량 증가, 자동차증가와 교통체증, 많은 에너지소비와 이산화탄소배출, 지역난개발, 녹지 감소 등 다양한 환경문제가 발생한다. 또한 기후변화로 인해 세계의 많은 지역에서 국지적인 호우와 홍수, 가뭄, 지반 약화, 지역침수 등 자연재해가 증가하여 도시의 사회경제적 기반도 취약해지고 있다. 이와 같은 환경문제를 개선하고 지속가능한 발전을 위해 세계 각국은 도시·지방자치단체(이하, 자치단체) 주도의 국제협력, 자치단체 국제 네크워크를 확대하고 있다.

1980년대 후반 오존층 파괴, 산성비, 체르노빌 원전사고, 수질오염 문제가 심각해져 개별 국가 단위를 넘어선 정보공유, 기술협력, 재원 확보 등 정책협력 국제네트워크, 국제협의기구가 결성되기 시작했다. 유엔환경개발회의(UNCED)는 1992년에 지속가능한발전(Sustainable Development) 방안으로 '의제 21'를 채택하였다. '의제 21'에서는 지역의자연환경, 생태보호, 빈곤, 주거, 지역생활환경 개선 등 많은 사회경제적 이슈를 다루었다. 그 중에서도 자치단체의 역할과 중요성(의제 28조)이 크게 강조되었다.

이를 계기로 중앙 정부 중심의 환경정책에서 지방자치단체, 시민사회, 기업, 도시권역의 중층적 거버넌스, 국제사회로 분산, 다원화되었다. 정책수단도 법규제 중심에서 환경인증, 환경교육, 커뮤니케이션, 합의형성, 정보공개, 재정확보, 과학기술 활용과 같은 다양한 수단이 제안, 정책적으로 통합(policy mix)되기 시작하였다. 또한 '자치단체'의 '정책 역량'이 중요시되어 국가 간의 정책 제휴, 국제협력 프로그램의 개발, 자치단체의 환경외교, 자치단체의 국제 네트워크 구축이 활성화되었다.

유엔환경개발계획과 국제환경자치단체(International Union of Local Authorities: IULA)는 환경 개선과 지속가능한 발전을 위한 자치단체의 역할에 주목하여 국제환경자치단체협의회(International Council for Local Environmental Initiatives: ICLEI)를 설립하여 국내뿐 아니라 해외 자치단체와의 정책프로그램 개발, 인재 연수, 기술 이전, 정보 공유 등 국제 협력을 촉진시키고 있다. 유럽연합에서도 '지속가능한 유럽 자치단체 헌장'(1994년)이 채택되어 자치단체의 역할과 권한을 확대하였다. 이와 같은 움직임은 기후변화 위기로 본격화되어 '기후변동·도시환경을 위한 자치단체장회의', '기후변동·도시캠페인', '유엔기후변화협약당사국총회(United Nations Climate Change Conference: COP)', 도시 파트너십 프로그램(The Cities Power Partnership: CPP) 등 국제적인 네트워킹이 확대되고 있다.

일본은 1960~1970년대의 대기, 수질, 폐기물, 토양오염 등 산업공해를 비교적 단기간에 성공적으로 극복하여 이른바 환경선진국으로 자리매김하였다. 일본의 발 빠른 공해 대책이 해외에서도 주목을 받자 기타큐슈, 사이타마, 미야기, 구마모토(미나마타), 미에 등 이른바 공해를 극복한 자치단체는 해외 자치단체와 환경 파트너십을 체결하고 공해 저감 기술, 정책 노하우 전수 계획을 수립하였다.

또한 환경관련 국제회의에 적극적으로 참여하여 '제3회 기후변동 도시환경을 위한 자치단체장회의'를 유치하여 '기후변동 세계자치단체: 사이타마선언'을 이끌어 냈다. 1997년에는 '유엔기후변화협약당사국총회 COP3: 교토의정서', '자치단체 공동실천 20%클럽'을 주도하였다.

이처럼 일본의 자치단체들은 G7환경장관회의를 개최하고 자치단체 주최의 국제 환경상을 창설하여 일본 국내뿐만 아니라 해외에서도 환경자치단체로서의 이니셔티브를 선도하였다. 다시 말해 일본은 공해 극복을 계기로 정책방향을 '환경'으로 전환하고 환경기술개발을 적극 지원하였다. 자치단체는 환경자치체, 환경모델도시, 에코시티, 환경미래도시, 지속가능한 도시, 컴팩트 시티, 물의 수도, SDG미래도시, 디지털전원도시, 탄소중립 도시, 녹색도시, 공생도시와 같은 정책 슬로건을 내세워 도시 브랜드로 특화하였다. 한마디로 많은 자치단체가 환경·미래·지속가능성을 전면에 내세우고 일찍이 자치단체 차별화 전략을 추진해왔다.

나아가 자치단체는 이와 같은 정책 노하우를 기반으로 해외 자치단체와 협력 네트워크를 확대하고 있다. 자치단체의 이러한 해외 협력 사업은 저출산 고령화, 지역경제 쇠퇴 등 지역문제 해결에 또 다른 돌파구가 되고 있다. 이에 대하여 기타큐슈 사례로 살펴보자.

기타큐슈시는 1963년에 고쿠라(小倉) 등 5개시를 합병하여 인구 100만 명이 넘는 정령지정도시(政令指定都市, 우리나라 인구 100만 특례도시와 유사)로 선정되었다. 기타큐슈는 아시아에 가까운 지리적 조건을 기반으로 철도, 해운항만, 석탄, 제철, 자동차, 중화학산업이 일찍부터 발달한 일본 4대 공업지역 중의 하나이다. 그 중에서도 야하타제철소(현재 신일본제철소)와 중화학산업은 지역 경제뿐만 아니라 일본경제 성장을 견인해 왔다.

반면 1960년대에 석탄발전, 제철, 중화학산업에서 발생한 수질, 토양, 대기, 폐기물 등 공해문제가 심각하게 발생하였다. 기타큐슈는 주민과 기업의 이해관계자협의체를 구성해 기업의 오염 방지대책과 높은 수준의 환경 규제를 담은 조례를 이끌어내었다. 이 규제 조치는 정부의 당시 공해대책법보다도 훨씬 높은 수준이었다. 덕분에 기타큐슈의 공해는 빠르게 회복되었다. 이와 같은 이해당사자(자치단체, 지역주민, 기업) 협의 기반의 환경규제 방식과 규제 강화는 중앙 정부의 환경규제법에 커다란 영향을 주었다. 뿐만 아니라 다른 자치단체의 공해 대책에도 많은 영향을 미치고 있다. 기타큐슈의 공해 대책은 경제발전 초기단계에 주로 발생하는 [산업형공해] 대책의 좋은 사례로 평가되며 지금껏 [기타큐슈방식]으로 정책이 참조되고 있다.

기타큐슈의 공해극복은 1992년 브라질 리오에서 개최된 유엔환경개발회의에서도 높이 평가되어 일본에서 처음으로 [유엔 환경자치단체]로 선정되었다. 이를 계기로 기타큐슈는 [공해가 발생하면 뒤늦게 대책을 세워오던 종래 방침에서 사전에 환경오염을 방지하고 환경 청사진을 구현하는 기타큐슈]로 정책우선순위를 전환하였다.

1997년에 일본에서 발생한 환경호르몬다이옥신 문제를 시작으로 폐기물 소각 시설 정비, 자원 순환, 환경 기술연구와 실증단지를 연계한 에코타운 조성, 산업/대학/자치단체 3자 거버넌스형 환경산업모델 구축, 폐기물 ICT체제 정비, 자원순환아시아네트워크, 아시아 저탄소기술지원

(Clean Development Mechanism), 환경박물관설립, 환경교육프로그램을 추진해 오고 있다. 2003년에는 [기타큐슈 국제환경상]을 제정하여 국내외 개인, 단체를 표창하고 [환경도시기타큐슈]로서 정책이니셔티브를 주도하고 있다. 또한 2008년에 환경모델도시로 선정되어 정부의 환경정책뿐만 아니라 환경미래도시(2011), OECD그린성장도시(2012), SDG미래도시(2018), 탄소중립모델도시(2022), 수소에너지실증 연구단지, 스마트시티 등 다른자치단체의 환경 정책을 선도하고 있다. 이와 같은 정책으로 기타큐슈는 정부의 아시아 생태순환정책, 환경산업의 시장화 전략에도 많은 영향력을 행사하고 있다.

이와 같은 성과로 기타큐슈는 국제환경도시로 위상을 강화하고 아시아에 가까운 지리적 이점을 활용한 국제환경네트워크와 기술거버넌스 체제를 구축하고 있다. 1981년에 기타큐슈는 중국 대련과 도시제휴 파트너십을 체결하고 '대련환경모델지구'를 제안하였다. 대련은 도시 인프라 정비와 공해 저감 기술, 정책 노하우, 인재 교류 사업 제안을 1994년에 수락하였다. 이를 계기로 기타큐슈는 중국, 아시아에 환경 기술 이전, 공무원 파견, 협력 프로그램을 편성하고 '국제환경도시: 기타큐슈' 전략을 강구하기 시작했다. 그 첫 번째 전략은 아시아 도시, 자치단체 네트워크 확대이다. 1997년에 설립된 기타큐슈 이니셔티브 네트워크는 아시아 환경도시 네트워크, 한중일 환경도시 네트워크 등 18개국 62개 도시로 확대되었다.

두 번째는 탄소중립센터의 설립이다. 이 센터는 기타큐슈가 주축이 된 국제 네트워크 참여 도시, 자치단체를 지원하는 조직으로 연구, 기술, 인재교류로 나누어져 있다. IGES, 대학(에코타운에 있는 환경관련 대학 네트워크)은 아시아 62개 도시, 자치단체의 현지수요조사, 아시아 지역역량 개발정책을 연구한다. 기타큐슈 국제기술 협력기구(KITA)는 산업기술 종합개발기구(NEDO, 경제산업성)와 협력하여 현지 수요에 맞는 기술개발, 지역 기업의 해외진출, 기술수출을 지원한다.

　세 번째 전략은 정책 노하우, 기술의 수출, 즉 기술거버넌스 운영이다. 기타큐슈와 탄소중립센터는 아시아 도시 지역의 수요조사를 기초로 현지에 필요한 국제협력 사업을 제안, 사업화하고 있다. 탄소중립센터는 지역 경제기관, 기업이 참여하는 아시아 저탄소위원회를 설치하고 기업, 기타큐슈시, 대학, 연구소, 지역은행의 투자를 유치해 아시아 도시의 탄소감축, 환경저감 기술을 수출하고 있다. 실제로 기타큐슈는 2050년까지 아시아 지역의 탄소감축을 지원하여 기타큐슈의 탄소 감축을 2005년 기준 200% 삭감을 목표로 하고 있다.

　이와 같은 정책에도 불구하고 기타큐슈의 인구와 지역경제생산 (Gross Regional Domestic Product: GRDP)은 해마다 하락하고 있다. 인구는 1979년 107만 명을 정점으로 2024년 1월 기준 91만 명으로 감소하였다. 의료, 복지, 스포츠, 공학, 문화 관광 전공 등 10여 개의 대학이 있지만 20대 인구, 특히 젊은 여성의 유출이 많다. 2023년도 16개 광역자치단체 중에서 기타큐슈 GRDP는 12위, 생산증가율은 15위로, 광역단체 평균의 70%에 그쳤다. 해마다 발표되는 일본의 도시특성평가(Mori Memorial Foundation Institute for Urban Strategies, 日本の都市特性評価 Databook 2024)에서 기타큐슈는 인구 17만 명 이상 도시(136개)의 경제, 연구, 문화, 환경, 주거, 쾌적성 등 종합 평가에서는 38위, 소매업 등 경제지표는 80위 이하로 평가되었다.

　이와 같은 지역지표는 지난 20~30년간 추진해 온 국제환경도시 전략이 지역 경제와 주민의 생활조건을 향상시키지 못했다는 반증이기도 하다. 따라서 '기술', '수출' 중심의 환경도시 전략을 수정할 필요가 있다. 우선 지역의 경제 지표를 개선하기 위해 지역경제 순환모델을 구축해야 한다. 그 중 하나가 시민, 자치단체 중심의 재생에너지사업 촉진이다. 재생에너지는 주민의 이익을 창출할 수 있고 지역 경제를 순환시킨다. 나아가 주민의 소득 증가는 지방세 수입원을 증가시킬 수 있다.

기타큐슈의 연구 개발 지출은 다른 도시에 비해 높다. 그럼에도 불구하고 여전히 제조업 중심의 산업구조에 머물러 있다. 그리고 무엇보다도 수출사업 중심의 기술 거버넌스는 지역 공동체를 대상화하기 때문에 시민사회가 활성화되지 못하고 있다. 따라서 환경 산업에 편중된 지역 자원을 지역 복지, 고용, 생활 개선, 교육 투자, 인재 양성, 지역의 경제 지표 개선에 환원하여 시민사회를 활성화시켜야 한다. 국제협력네트워크는 기업, 기술 중심에서 벗어나 시민 역량개발 프로그램, 시민 주도의 협력 프로젝트, 지역 공동체의 연계, 민간 교류 지원 등 다양화해야 한다.

PART 6

자연이 주는 혜택: 생태계 서비스

도시 숲의 치유 효과

변병설_인하대학교 교수

　　고대 로마시대의 대규모 건설사업은 많은 목재를 사용하게 되었고 이로 인해 이탈리아 숲뿐 아니라 지중해 연안의 숲까지 황폐화시켰다. 로마의 지배가 400년간 지속되는 동안 지중해 지역의 산림은 거의 사라지게 되었고 그로 인해 기후변화가 초래되었다. 이러한 숲의 파괴와 기상이변은 곡물 수확에도 영향을 미쳐 식량 생산량을 크게 감소시켰으며 이러한 기근은 많은 사람들에게 영양실조 등 대혼란을 겪게 하였다. 더욱이 이 시기에 흑사병이 창궐하게 되어 유럽 전체인구의 25% 이상이 희생되는 참혹한 비극을 겪게 되었다. 이후 150년 가까이 피폐한 상태가 지속되었다. 이 파탄의 직접적인 원인은 전염병의 창궐이지만 보다 근본적인 원인은 숲의 파괴이다.

　　독일의 대문호 괴테는 '자연과 가까울수록 병은 멀어지고 자연과 멀수록 병은 가까워진다'는 말을 남겼다. 괴테가 말하는 병은 오늘날에는 신체건강에서 정신건강의 문제로 확대해석해야 한다. 현대 사회는 도시화에 따른 다양한 질병으로 눈에 보이지 않아 원인진단과 해결이 어려운 정신건강 문제가 대두되고 있기 때문이다. 따라서 정신건강 증진의 주체로서 도시환경에 주목하고, 정신건강에 대한 인식의 전환과 더불어 도시 및 사회적 차원의 대응을 마련할 필요가 있다.

질병은 우리 일상에 많은 제약을 가하고 마음과 육체를 고통스럽게 하며, 정신적으로 우울감을 갖게 한다. 건강한 삶을 위해서는 자연과 공존하며 가까이하는 것이 좋다. "바이오필리아 효과"라는 말이 있다. 인간은 기본적으로 자연을 좋아하며 생명사랑의 유전적 본능이 있다는 것이다. 미국의 사회심리학자 에리히 프롬이 주장하고 하버드대학교의 에드워드 윌슨 교수가 발전시킨 이론이다. 인간이 자연과 접촉할 수 있는 환경을 만들어 주면 인지능력이 향상되고 정서적으로 안정된다는 것이다. 이러한 주장은 여러 연구에서 입증되고 있다.

덴마크 오르후스대학 크리스틴 엔게만 연구팀이 1985~2003년 덴마크에서 태어난 약 90만 명을 대상으로 열 살 때까지 살았던 집 주변의 녹지비율을 10단계로 나누어 각 그룹의 사람들이 성인이 됐을 때의 정신건강을 조사하였다. 최소한의 녹지공간을 가지고 자란 어린이는 나중에 우울증과 불안감 등 정신질환에 걸릴 위험이 상대적으로 높은 것으로 나타났다. 녹지 비율이 가장 낮은 환경에서 자란 어린이는 가장 높은 환경에서 자란 어린이에 비해 성인이 되었을 때 정신질환 발생률이 최대 55%나 더 높은 것으로 나타났다. 연구팀은 초등학교에서 학생들이 녹지를 자주 접할 수 있도록 커리큘럼을 짜야 하고 부모들도 자녀들과 주변 공원이나 숲에서 많은 시간을 보내야 한다고 권고했다. 아울러 도시를 계획할 때, 도시중심부에 녹지공간을 최대한 확보하는 것이 중요하다고 주장하였다.

비슷한 연구로 영국 이스트 앵글리아 대학의 토이베넷과 엔디존스 교수는 '녹색장소와 스트레스'의 상관관계를 연구한 결과, 녹색이 많은 장소에서 긴 시간을 보내는 사람은 혈당, 혈압, 콜레스테롤 수치가 낮아지고 각종 만성질환과 사망률이 감소하는 것을 밝혔다. 또한 임산부가 녹색이 많은 장소에서 보내는 시간을 늘린 경우 태아 발육 부전 및 조산 위험이 감소하는 것으로 나타났다. 미국 클리브랜드 클리닉의 수잔 알버스(Susan Albers) 박사의 2024년 연구에서도 자연환경을 15분만 접해도 체내 스트레스 호르몬인 코르티솔 수치가 감소하고 인간의 뇌에서 도파민과 세로토닌 같은 긍정적인 감정과 관련된 신경전달물질의 분비가 증가하는 것으로 나타났다.

우리나라에서도 숲과 건강의 상관관계를 연구한 논문들이 있다. 그 논문들은 한결같이 숲 근처에 사는 사람이 숲이 없는 곳에서 사는 사람보다 더 건강하며 심신이 안정되어 불안감과 우울감이 낮아지는 것을 밝히고 있다. 도시 숲을 바라만 보아도 스트레스 호르몬의 일종인 코티솔의 농도가 낮아져 스트레스가 줄어들고, 자율신경계 지표인 혈압이 안정되는 것으로 나타났다. 또한 숲에서 뛰어 노는 아이는 스마트폰 의존도가 낮고 불안과 우울감 등 부정적 정서가 낮으며 사회성과 창의성이 높아지는 것으로 나타났다.

도시 숲을 바라만 보아도 좋다는 연구결과는 1984년 울리히(Ulrich)의 병원 창문 전망 연구에서 찾을 수 있다. 담낭 수술 환자 46명을 대상으로 수술 후 회복과정에서 자연 경관 조망군과 벽면 조망군으로 분류해 진행한 뒤, 전자에서는 후자와 대조적으로 진통제 사용량 22% 감소, 평균 입원기간 0.74일 단축, 간호기록상 부정적 평가 감소를 확인했다.

숲이 건강에 긍정적인 영향을 미치는 것을 입증하는 근거로 몇 가지 이론이 있다.

첫째, 생물친화성 이론이다. 인간이 자연환경과 생명체에 대해 본

능적인 친밀감과 선호도를 가지고 있다는 것이다. 인간은 지속적으로 자연환경을 추구하고, 오랜 시간 동안 자연과의 접촉을 통해 심리적 안정을 얻어 왔다는 것이다. 자연 환경에 노출되면 긍정적인 정서가 증가하고 부정적인 정서가 감소한다. 이러한 이론에 비추어 볼 때, 현대인들이 도시에서 자연과의 유익한 생물학적 접촉이 감소하고 있는 것은 바람직하지 않고 자연과의 상호작용을 증진시키는 노력이 필요하다.

둘째, 심리적 이론이다. 인류가 수백만 년간 자연환경, 특히 숲에서 살면서 형성된 심리적 적응 메커니즘을 설명하는 것이다. 인간은 자연환경 속에서 오래 살아왔기 때문에, 자연환경에 생리적으로 심리적으로 적응되어 있어 자연환경에 노출 시 스트레스 복구가 빠르다는 것이다. 이 이론은 인류가 자연환경에서 살아오는 과정에서 형성된 즉각적이고 자동적인 정서적 반응에 주목하며, 이러한 반응이 현대인의 건강에 영향을 미치는 것으로 보고 있다.

셋째, 주의력 회복 이론이다. 사회의 급격한 경제성장에 따른 물질주의와 경쟁은 극도의 스트레스를 야기하고 개인의 정신건강과 삶의 질을 위협하고 있다. 심리적인 안정과 주의력을 환기시켜 자극적인 스트레스 생활로부터 마음의 안정을 유지하는 것이 필요하다. 현대 도시생활에서 소진된 주의집중력을 이완해 줄 수 있는 환경이 필요한데, 자연을 관조하거나 경험함으로써 뇌의 피로가 회복된다. 자연에서 경험하는 부드러운 자극은 주의력을 환기하여 정신적 피로를 해소해 준다.

이상의 이론은 도시에서 숲과 녹지가 얼마나 가치 있는 자원인지 보여주고 있다. 그러므로 면역력과 치유력을 높일 수 있는 항바이러스의 도시를 만드는 것이 필요하다. 인간과 자연이 공존하는 녹색도시로서 생명력 있는 바이오필릭 도시를 조성하는 것이 절실하다. 시민의 일상적인 활동공간과 자연이 분리된 것이 아니라 유기적으로 연결되도록 하는 것이다. 전염병이 창궐하는 시대를 경험한 우리는 도시에 공원과 녹지 그리고 숲이 풍부하여 회복력을 높이는 생명친화적 도시를 만들어 가야 하겠다.

세계보건기구(WHO)는 도시를 건강하게 만드는 건강도시(Healthy City)로 공원을 강조하고 있다. 질병을 치료하는 정책에서 벗어나 질병이 걸리지 않도록 사전에 예방하는 '건강증진' 정책으로서 공원 조성을 적극 권고하고 있다.

시민의 건강증진을 위해 도시지역 안에 자연의 생명력을 풍성하게 담아내는 것이 필요하다. 도시 가까이에 나무와 새 그리고 사람이 모두 행복한 숲이 있는 녹색도시로 만들어 가는 것은 이 시대 우리에게 주어진 사명이다. 도시공원은 우리만을 위해 필요한 것은 아니다. 도시 내 숲은 우리가 다음 세대를 행복하게 해줄 수 있는 고귀한 유산이다.

자연기반해법은 무엇인가?

황상일_한국환경연구원 선임연구위원

　　세종시에 살고 있는 나는 교통 체증이 가장 큰 문제라고 느낀다. 도로 폭이 좁게 설계되어 차량이 원활하게 이동하기 어렵고, 특히 출퇴근 시간대에는 극심한 혼잡이 발생한다. 더구나, 안개가 자주 끼어 교통사고 위험도 높다. 또한 세종시는 신도시로 조성된 만큼 병원과 문화시설 같은 사회적 기반 시설이 여전히 부족하다. 특히 공공의료시설이 미비하여 필수 진료과목을 제공하는 병원이 턱없이 부족한 상황이다. 이런 의료 서비스 부족은 시민들의 큰 불편으로 이어지고 있다. 세종시의 경제도 문제다. 공공기관 중심의 경제 구조로 인해 민간부문의 활발한 경제 활동이 제한적이며, 이로 인해 상업 지역의 활성화가 어렵고, 상가 공실률이 높아지면서 지역 경제에 부정적인 영향을 끼치고 있다.

　　세종시에서는 교통, 의료, 경제 문제 외에도 다양한 사회적 어려움이 존재한다. 이를 해결할 수 있는 지속 가능하고 효과적인 대안으로 주목받는 것이 '자연기반해법'이다. 유엔환경계획(UNEP)은 자연기반해법을 '자연 생태계 또는 이를 변형한 생태계를 보호, 지속 가능하게 관리, 복원함으로써 기후 변화, 식량과 물 안보, 재난 위험 감소, 생물다양성 손실 등 주요 사회적 과제를 효과적이고 적응력 있게 해결하는 접근법'이 라고 정의한다. 유럽연합(EU)도 자연기반해법을 '자연에서 영감을 얻고 자연을 기반으로 사회 문제를 해결하는 솔루션'으로 설명한다.

세종시에서 자연기반해법은 교통 혼잡, 대기오염, 도심 열섬 현상 등 다양한 문제를 해결하는 친환경적 방법으로 사용될 수 있다. 예를 들어, 녹지 확대나 생태공원 조성은 여름철 더위를 완화하고, 공기 질을 개선하며, 시민들에게 휴식 공간을 제공한다. 더불어 자연기반해법은 상대적으로 초기 비용이 낮고 유지 관리가 쉬워 경제적 효율성이 높다. 장기적으로는 기후 변화와 같은 복잡한 문제에도 대응할 수 있어, 시민의 삶의 질을 높이고 미래 세대에 지속 가능한 도시 환경을 선물할 수 있다.

최근 세종시는 자연기반해법의 일환으로 친환경 물순환 시스템 구축에 집중하고 있다. 이 시스템은 기후 변화로 인한 강수 패턴의 변화에 대응하고, 도심 내 불투수면적 증가로 발생하는 홍수와 가뭄 문제를 완화하기 위해 고안되었다. 이를 통해 물 순환 체계를 복원하고 생태적으로 안전한 도시를 만드는 데 초점을 맞추고 있다. 세종시는 환경부와 협력하여 도시화로 왜곡된 물 순환 체계를 개선하고, 지속 가능한 정책 기반을 강화하고 있다.

또한 충청남도에서는 2023년 12월, 장항 국가습지복원사업이 예비타당성조사를 통과했다. 이 사업은 서천군 옛 장항제련소 부지의 오염된 66만㎡ 토지를 자연습지로 복원하는 대규모 사업으로, 2024년부터 2029년까지 총 685억 원의 국비가 투입될 예정이다. 복원된 지역에는 28만 5천㎡의 습지와 22만 9천㎡의 생태숲이 조성되며, 탐방로와 관찰 시설도 함께 설치될 계획이다.

대표적인 자연기반해법 사례로는 서울 여의도 샛강 생태공원이 있다. 국내 최초의 생태공원인 여의도 샛강 생태공원은 1996년부터 1997년까지 조성된 도심 속 생태 공간으로, 약 18만 2천㎡에 이른다. 공원 조성 시 기존의 자연환경을 최대한 보존하며 생태적 가치가 높은 장소로 발전했다. 그 결과, 수리부엉이와 황조롱이 같은 천연기념물은 물론 멸종위기종인 두꺼비까지 서식하게 되었으며, 생물다양성이 크게 증가했다. 이외에도 생태계 복원을 위한 다양한 작업이 진행 중이며, 콘크리트 포장을 제거해 실개천을 조성하거나 시민들을 위한 이동 편의시설과 청정한 수질 관리 시설을 추가하는 등 지속적으로 자연환경을 회복하는 노력을 기울이고 있다.

　　자연은 특정 개인이나 집단의 소유물이 아니다. 자연은 인간이 스스로의 노력으로 얻은 것이 아니라 '천부의 것'으로, 모두에게 속한 것이다. 따라서 자연을 자신의 이익을 위해 남용하는 것은 바람직하지 않다. 이에 자연기반해법은 한 개인이나 집단이 아닌, 모든 사람에게 공평한 혜택을 주기 위해 설계되고 실행되어야 한다. 이 접근법은 단기적인 이익보다 장기적인 환경 보호와 사회적 이익을 중시하며, 자원 낭비를 줄이고 미래 세대를 고려하는 책임감을 심어준다. 인간 활동이 자연을 해치지 않도록 균형을 유지함으로써, 생태계가 우리 삶에 미치는 긍정적인 영향을 존중하는 것이다. 또한, 자연기반해법은 생태계의 회복력을 강화해 현재와 미래 세대 모두에게 건강한 환경을 물려주는 데 중요한 역할을 한다.

　　자연기반해법은 여러 가지 장점을 지니고 있다. 인프라와 같은 물리적 시설을 설치하는 대신 자연 생태계를 활용해 문제를 해결하기 때문에 초기 설치와 유지 비용이 상대적으로 적게 들 수 있다. 예를 들어, 도심 내에 녹지를 확충하거나 생태통로를 조성하면 열섬 현상이나 대기

오염이 줄어들고, 지역 주민에게 여가 공간을 제공할 수 있으며, 이는 에너지 비용 절감에도 기여한다. 또한, 생태계를 복원하거나 보호함으로써 인간과 자연의 상호 이익을 도모한다. 생태공원을 조성하거나 수변 생태계를 복원하는 방식은 대기질 개선, 열섬 완화, 수질 보호 등 다양한 생태계 서비스를 제공한다. 이는 지속 가능한 해결책으로서 기후 변화 완화에 긍정적인 영향을 미칠 수 있다.

자연기반해법은 주민들의 참여를 촉진하고 지역 공동체의 협력을 강화하는 효과도 있다. 주민들이 도시 정원이나 녹지 조성 프로젝트에 참여하거나 생태교육을 통해 환경보호 의식을 높일 수 있으며, 이러한 활동은 장기적으로 시민의 건강과 복지에 긍정적인 영향을 미친다. 또한, 자연기반해법은 여러 문제를 동시에 해결하는 다기능적 접근법이다. 예를 들어, 녹지와 공원을 조성함으로써 자전거 및 보행자 전용 공간을 마련해 교통 혼잡을 줄이는 동시에 도심 열섬 완화, 공기 정화, 생물다양성 보존 등 다양한 이점을 제공한다. 이는 사회 인프라 확충의 필요성도 충족시키며 지속 가능성을 높인다.

반면, 자연기반해법은 실행 및 유지 단계에서 몇 가지 도전과 한계를 지니고 있다. 주요 문제 중 하나는 효과의 불확실성이다. 자연 생태계의 복원과 보전이 포함되기 때문에 그 효과가 반드시 보장되는 것은 아니다. 자연 시스템은 예측하기 어려운 요소가 많아, 기후 변화나 환경적 스트레스 요인으로 인해 초기 계획된 결과가 나타나지 않거나 달라질 가능성이 있다. 이로 인해 자연기반해법은 예상보다 큰 변동성을 보일 수 있다.

또한 자연기반해법은 본질적으로 시간이 오래 걸리는 특성을 가진다. 숲 조성이나 습지 복원 같은 사업은 몇 년, 때로는 수십 년이 걸릴 수 있으며, 이를 위한 지속적인 관리와 관심이 필요하다. 따라서 즉각적인 문제 해결이 필요한 상황에는 적합하지 않을 수 있다. 초기 설치 비용은 비교적 낮지만, 생태계의 지속적인 관리와 유지에 드는 비용이 꾸준히 발생할 수 있어 예산 관리가 중요하다. 이와 함께, 자연 기반 시설을 효율적으로 관리하기 위해서는 전문성과 인력이 필요하며, 안정적인 예산 확보가 필수적이다.

또 다른 제약은 공간과 자원의 제한이다. 생태계 복원에는 넓은 녹지 공간이 필요한 경우가 많아, 특히 도시화가 빠르게 진행되는 지역에서는 적용이 어려울 수 있다. 도시 내 제한된 공간에서 자연기반해법을 구현하는 데는 많은 장애물이 존재할 수 있다.

사회적 수용성도 고려해야 한다. 자연기반해법 관련 프로젝트는 지역 주민과 이해관계자의 참여와 협력이 필수적이다. 그러나 인식 부족이나 이해관계자 간의 갈등이 발생할 경우 사업이 지연되거나 난항을 겪을 수 있다. 이를 해결하기 위해 교육과 홍보를 통해 인식을 제고하고, 모든 이해관계자의 참여를 유도하는 전략이 필요하다. 마지막으로, 규제 및 정책적 장애물도 있다. 자연기반해법은 상대적으로 새로운 접근 방식으로, 이를 효과적으로 시행하려면 관련 법적 및 정책적 지원이 필요하다. 하지만 아직 규제나 정책이 충분히 마련되지 않아 추진이 어렵거나 제한될 수 있다. 이러한 한계를 극복하기 위해서는 자연기반해법의 장기적 효과를 고려한 다각적인 지원과 정책적 기반의 강화가 필요하다.

우리나라에서도 자연기반해법이 생태계의 건강과 사회적 혜택을 동시에 증진시키는 방향으로 정책에 통합되고 있다. 제5차 국가생물다양성전략(2024~2028)은 자연기반해법을 포함하여 다양한 생태계 복원 및 생물다양성 보전 전략을 마련하였으며, 이는 2023년 12월 국무회의에서 승인되었다. 이 전략의 주요 목표는 2030년까지 국토의 30%를 생물다양성 보호지역으로 지정하는 것이다. 복원 및 보전 방안에는 생태적 가치가 높은 지역의 보호, 도심 내 숲과 하천의 확충, 수변 생태공간 조성 등 자연기반해법의 여러 요소가 포함된다. 또한, 탄소 흡수와 재해 예방 기능을 강화하며, 생태계 서비스의 지속 가능성을 유지하기 위한 방법들을 추진하고 있다.

자연기반해법은 정책 결정자들 사이에서도 큰 관심을 받고 있으며, 국제 사회에서도 기후 변화 대응 전략의 일환으로 채택되고 있다. 특히, 유럽연합은 '유럽 그린 딜'을 통해 자연기반해법을 주요 정책으로 추진하고 있으며, 이는 단순한 환경 보호를 넘어 경제적 및 사회적 이익을 창출하는 종합적인 접근 방식을 모색하는 노력의 일환이다.

자연기반해법을 성공적으로 구현하기 위해서는 다양한 이해관계자들의 참여와 협력이 필수적이다. 우선 협력적인 의사소통이 중요하다. 정부, 기업, 지역 사회, 비영리 단체 등 각 이해관계자는 목표와 우선순위를 명확히 하고 이를 공유해야 한다. 정기적인 회의와 워크숍을 통해 의견을 교환하고 상호 이해를 증진시키는 것이 필요하다. 또한, 참여적 계획 수립이 중요하다. 사업 초기 단계에서 지역 주민과 이해관계자를 포함시켜 그들의 필요와 우려를 고려한 계획을 수립해야 한다. 이를 통해 주민들의 자발적인 참여를 유도하고 사업의 성공 가능성을 높일 수 있다. 역할 분담과 책임 공유 또한 필요하다. 각 이해관계자는 자신의 전문성과 자원을 기반으로 역할을 분담하고 책임을 명확히 해야 한다. 예를 들어, 정부는 정책과 자금을 지원하고, 지역 사회는 현장 작업을 수행하며, 연구 기관은 데이터를 제공하고, 기업은 기술적 지원을 맡을 수 있다. 투명한 정보 공유 역시 중요하다. 사업 진행 상황과 결과를 투명하게 공개함으로써 신뢰를 구축하고, 이해관계자들이 사업에 적극적으로 참여할 수 있도록 해야 한다. 이를 통해 협력의 효율성을 높이고, 문제 발생 시 신속하게 대응할 수 있다. 마지막으로, 지속적인 모니터링과 피드백을 통해 사업을 조정하고 개선해 나가는 것이 필요하다. 정기적인 평가와 피드백을 통해 문제를 조기에 발견하고 적절한 대응 조치를 취함으로써 사업의 효과성을 극대화할 수 있다. 이와 같은 과정을 통해 자연기반해법은 다양한 이해관계자들과의 협력 속에서 더욱 효과적으로 실현될 수 있다.

자연기반해법은 현대 사회가 직면한 복잡한 문제들을 해결하는 데 매우 유용한 도구가 될 수 있다. 이는 자연과 인간이 조화롭게 공존할 수 있는 지속 가능한 미래를 위한 중요한 길잡이가 된다. 기후 변화와 생태 문제에 대한 해결책을 모색하는 과정에서 우리는 자연의 지혜를 배우고 이를 적극적으로 활용해야 한다. 자연기반해법은 단순한 이론에 그치지 않고, 실질적인 해결책으로서 우리 모두가 관심을 갖고 실천해야 할 과제이다.

생물다양성 시대에서 생태복원

손승우_한국환경연구원 부연구위원

우리는 현재 환경의 시대에 살고 있다. 약 20년 전에 필자가 대학 수학능력시험을 치를 때 11월 초였고 두꺼운 옷과 보온병을 들고 수험 장으로 갔던 기억이 난다. 책을 집필하는 11월 현재 오후에는 반팔을 입고 다닐 만큼 이상기온이 익숙한 요즘이다.

환경 분야는 매우 다양하면서 일반사람들한테 생소한 분야도 있지만 대부분 기후변화, 탄소중립, 쓰레기 재활용 등의 용어는 뉴스 혹은 생활환경에서 꽤나 자주 접해봤을 것이다. 그만큼 우리나라뿐만 아니라 국제사회에서도 중요한 이슈이기 때문이다. 이슈가 된다는 것은 관련 정책과 계획, 예산, 사람들의 활동 등이 활발하게 이루어질 수 있다. 기후변화나 미세먼지 문제, 쓰레기 재활용 등은 관련 정책의 수립, 연구기술 개발, 산업의 활성화가 뒷받침되고 있으며 우리나라도 국외 선진국 못지않게 많은 발전이 있었다. 물론 그렇다고 이러한 환경문제가 해결된 것은 아니고, 개인부터 국가까지 열심히 노력하고 있다는 말이다.

최근에는 기후변화나 탄소중립 못지않게 중요한 환경이슈가 화두에 올라와 있다. 그것은 바로 생물다양성이다. 생물다양성 또한 오래전부터 그 중요성이 강조되었지만 관련 전문가, 정부부처 관계자, 시민단체 등의 노력으로 우리나라뿐만 아니라 국제사회에서도 더욱 활발한 움직임이 시작되었다. 생물다양성이란, 수많은 동물과 식물, 미생물 등이 살아가는 환경과 서로 간의 복잡한 관계를 보이는 생태계라고 볼 수 있다. 혹 자들은 먹고살기 힘든 사람들도 많은데 동물과 식물이 살아가는 것도 걱정해야 하는 세상인가? 라고 생각할 수 있지만 이제는 깊게 생각해볼 때가 되었다. 동물과 식물이 제대로 살지 못하면 사회적 위치가 높든 낮든, 돈이 많든 없든 우리 모두가 살아갈 수 없기 때문이다. 주변을 둘러보면 생활환경에서 쓰는 많은 것들이 자연에서 얻지만 너무나 익숙한 나머지 자연의 중요성을 간과하고 있다. 그렇다면 생물다양성은 왜 중요한지에 대해 필자가 간략하게 그 이유에 대해 설명하고자 한다.

세계경제포럼(World Economic Forum, WEF)에 따르면, 전 세계 연간 GDP의 절반 이상인 44조 달러가 자연에 의존하고 있으며 1970년 이후 포유류, 조류, 어류, 양서류, 파충류 개체수의 69%가 감소했고, 100만 종 이상의 동식물이 인간 활동으로 인해 멸종위기에 처해 있다고 말하고 있다. 이러한 이유는 최근 수년간 기후변화, 토지 용도 전환, 환경오염, 무분별한 개발 등으로 볼 수 있다. 생물다양성 감소는 자연자본 손실로 이어져 글로벌 공급망이 중단될 수 있는 위험을 초래할 수 있으며 직접적으로는 농업이나 임업, 어업 등 자연자원에 의존하는 산업에 큰 타격을 미칠 수 있다. 제약회사를 예로 들어 생물다양성의 중요성을 다시 상기시켜보도록 하겠다. 의약품의 약 70%는 자연자원에서 유래하며, 항암치료제의 많은 부분이 생물질로 알려져 있다. 항암제 중에는 탁솔(Taxol)이라는 것이 있는데 파클리탁셀(Paclitaxel)이라는 물질이 주성분이며 우리 주변에서도 흔히 볼 수 있는 주목나무의 껍질에서 유래하였다. 페니실린은 많이 들어봤을 것이다. 최초의 항생제라고도 하며 이는 푸른곰팡이로부터 유래되었다. 또한 진통제로 유명한 아스피린은 과거 원주민들이 치통이 있을 때 버드나무의 잎을 씹는 것을 보고 버드나무 잎에서 유래되었다. 직전에 언급한 탁솔이라는 항암제의 역사를 한번 살펴보도록 하자. 탁솔을 하나 만들기 위해 주목나무 3그루의 껍질을 추출해도 1mg밖에 얻을 수 없었다고 한다. 결국 탁솔 한 병을 만들기 위해서는 최소 40그루는 베어야 했다. 시간이 지나 주목나무에 공생하는 박테리아가 탁솔의 주성분인 파클리탁셀을 만드는 것으로 밝혀지면서 해당 박테리아의 배양을 통해 탁솔을 현재까지도 만들 수 있는 것이다. 탁솔 하나만 말하여도 주목나무와 박테리아라는 생물다양성의 극히 일부의 생물종이 언급되는 것을 볼 수 있다. 앞서 생물다양성은 미생물부터 시작하여 수많은 동물과 식물이 살아가는 환경이라고 말하였는데, 주변에서 쉽게 보이는 주목나무와 눈에 보이지 않는 박테리아까지 생물다양성에 기여할 수 있는가?라는 질문은 이제 답변이 되었을 것이다.

생물다양성에 대해서 국제사회에서는 어떻게 생각하고 있는지 살펴보자. 2022년 12월에 캐나다 몬트리올에서 제15차 생물다양성협약 당사국총회가 열렸으며 GBF(Global Biodiversity Framework)라는 것을 합의하에 채택하였다. 196개 당사국 대표들이 '자연과 조화로운 삶'이라는 비전 아래 2050년까지 달성하기 위한 4개의 장기목표와 2030년까지 달성해야 하는 23개 실천목표를 결정한 것이다.

4개의 장기목표 중 첫 번째는, 자연생태계 면적 증가 및 멸종위기종 멸종 경감, 자생종 증가, 유전다양성 보호이다. 두 번째는, 생태계서비스 유지 및 향상, 세 번째는 유전자원 이익의 공평한 분배, 네 번째는, 적절한 이행 수단 확보이다. 장기목표에 기반하여 23개의 실천목표가

그림 1 GBF 23개 실천목표

출처: https://www.cbd.int/gbf/branding

있는데 필자는 생태복원을 다루는 실천목표 2에 집중하고자 하는데, 이는 바로 훼손된 생태계의 30% 이상을 복원해야 한다는 내용이다. 즉, 2030년까지 생물다양성, 생태계 기능과 서비스, 생태계 완전성과 연결성을 향상하기 위하여 훼손된 육상, 육수, 해안, 해양 생태계의 최소 30%가 효과적으로 복원한다는 말이다. 생물다양성을 유지하고 증대하고 회복시키기 위해서는 필자는 당연 생태복원이 주요 해결책이라고 생각한다. 그럼 생태복원은 무엇인가? 생태복원이라는 개념 하나만 가지고도 많은 이야기를 나눌 수 있지만, 인간의 개발행위, 이용 등으로 훼손된 국토환경을 원래의 상태로 되돌리는 것이라고 말하고 싶다. 여기서 의문이 생길 것이다. 원래 상태의 시점은 언제로 봐야 할 것인가? 어떤 나무를 심고 어떤 동물의 서식환경을 만들어 주어야 하는가? 등에 대한 고민이 있을 것이다. 원래의 상태로 되돌린다는 의미는 충분히 동의하는 바이지만 과거에 비해 현재 기후가 변화하였고, 시대는 바뀌었다. 생태복원의 시점은 주변의 환경을 면밀하게 참고하고 고려하여 과거보다 더 좋은(?) 환경을 만들 수 있는 기술과 방법을 통해 현재를 잘 진단하고 미래 지향적으로 생태복원을 해야 할 것이다.

　　우리나라에서는 생태복원에 대한 어떤 정책이 수립되었는지 살펴보자. 자연생태 관련 정책을 수립하는 주요 정부부처인 환경부에서는 자연환경보전법에 기반하여 생태복원 정책을 수립하고 있으며 동법 제45조 3항에 의하여 자연환경복원이 필요한 지역을 후보목록으로 작성할 수 있다고 언급하고 있다. 후보목록은 결국 훼손지라고도 볼 수 있는데, 필자가 후보목록 작성을 위하여 연구를 수행하였으며 많은 고민을 하다가 2가지 방법을 국가(환경부)에 제시하고 연구를 수행하였다. 훼손지를 어떻게 찾을 것인가에 대해서 제일 좋은 방법은 우리나라 국토를 수많은 사람들이 직접 현장을 찾아 면밀하게 조사하는 것이다. 하지만 수없이 많은 사람의 동원에 따르는 비용과 안전문제, 시간을 생각하면 현실적으로 불가능한 방법이다. 따라서 필자가 말하는 2가지 방법 중 첫 번째는 공간데이터를 이용하여 훼손지를 도출하는 방법이다. 우리나라에는 토지피복도를 비롯하여 국토환경성평가지도, 개발계획 및 사업 공간데이터 등 공간분석에 이용할 수 있는 많은 데이터가 있다. 이러한 데이터를 이용하여 과거에는 자연환경이었지만 시간이 지나 자연환경이 훼손된 지역을 공간분석을 통해 도출하였다. 두 번째는 지역에서 훼손지를 도출할 수 있는 체계를 마련하였다. 지역에 거주하는 지역주민, 공무원, 시민단체, 전문가 등에게 후보목록에 대해 설명회를 개최하거나 수요조사를 하는 등의 방식을 통해 지역에서 후보목록을 작성할 수 있도록 방법이다. 이러한 과정을 통해 훼손 의심지역을 도출하고 이후 현장을 직접 나가 훼손지인지 아닌지 평가를 한 이후 전문가 회의를 수차례 진행하여 후보목록을 구축하였다. 이처럼 정책이 만들어졌고 정책을 이

그림 2 생태복원 사례

출처: ㈜그린포웰

행할 수 있는 체계가 마련되었기 때문에 이제는 생태복원사업을 직접 수행하기만 하면 된다. 물론 수많은 예산이 수반되어야 하기 때문에 제일 어려운 부분이다. 국비로 생태복원 예산을 전액 지원하면 좋겠지만 현실적으로는 어려운 부분이며 ESG 개념에 기반한 민간참여를 통해 해결할 수는 있을 것이다. 해당 부분을 언급하면 한없이 길어지기 때문에 이제 마무리 짓고자 한다. 생물다양성 위협요인을 없애고 생태계를 보전하기 위해서 생태복원이 주요 해결책이라고 말하며 마무리 짓고 싶다. 생태복원을 통해 생물다양성을 넘어 국토환경이 좋아지고 그 환경에서 우리뿐만 아니라 미래세대가 깨끗하고 안전한 세상에서 살기 원하는 바이다.

습지생태계 가치 평가

나미연_생태계서비스연구소 초빙연구위원

　물은 모든 생명체가 살아가는 데 필수적인 요소이다. 인류의 문명은 큰 강 유역 또는 하천변에서 시작되었다. 강 유역 또는 하천 주변은 간헐적 침수로 인해 크고 작은 습지들이 자연스럽게 형성된다. 습지란 담수, 기수, 또는 염수가 영구적이거나 일시적으로 그 표면을 덮고 있는 지역을 뜻하는데, 과거의 습지는 주로 물웅덩이나 쓸모없이 버려진 늪으로 인식되어 왔다. 산업혁명 이후 과도한 도시 개발과 급변하는 기후변화로 인해 습지의 상당 부분이 육화되거나 훼손되어 세계적으로 습지 면적이 급속도로 감소해 왔다. 20세기 말부터 습지생태 연구가 진행되면서 습지의 유형이 세분화되었다. 습지의 유형은 물의 원천, 우점 식생, 규모, 위치, 물리적·화학적·생물학적 특성에 따라 매우 다양하다. 일반적으로 '소택지(swamp)', '늪(marsh)', '이탄늪(peat bog)' 등의 용어로 사용되어 왔으며, 식생의 발달과 토양 등을 기준으로 저층습지, 중층습지, 고층습지로 구분하기도 한다. 최근 국제적으로 많이 사용되는 분류체계는 습지보전을 위한 람사르협약에서 제시한 방식이다. 이 분류체계는 1990년 당사국총회에서 승인되었고, 각 지역의 대표적인 주요 습지 서식처 유형을 신속하게 파악하기 위해 총 42가지의 습지유형으로 분류하고 있다. 습지의 대분류는 〈표 1〉과 같이 입지 및 형성에 따라 연안습지, 내륙습지, 인공습지 등 3개의 유형으로 구분된다. 과거의 갯벌과 염전, 논습지는 인공습지로 분류되고, 이러한 전통적 농어업은 습지생태계를 유지하는 데 기여를 한 셈이 되었다. 하천변 습지는 가뭄 및 홍수 피해를 저감시키고, 전 세계 탄소 흡수와 방출을 조절하기도 한다. 습지는 위치상으로 육상생태계와 수상생태계의 중간영역에 속하고, 계절에 따라 간헐적 침수로 수리 수문, 생물지구화학적 상태가 다양하게 변화한다. 이렇듯 토양과 물의 역동적인 물질 순환을 통해 더욱 다양한 식생을 형성하게 되고, 상대적으로 생산성이 높아진다.

표 1 람사르협약의 습지유형 및 분류체계

대분류	중분류			기호
	분류기준 1	분류기준 2 - 수문기간	분류기준 3 - 세부	
연안 습지	염수	영구적	< 6m deep	A
			수중 식생	B
			산호초	C
		해안	암반	D
			모래 또는 자갈	E
	염수, 기수	조간대	갯벌(펄, 모래, 소금)	G
			초본습지(marshes)	H
			목본습지(forested)	I
		석호		J
		기수역		F
	염수, 기수, 담수	지중 또는 지하		Zk(a)
	담수	석호		K
내륙 습지	담수	유수	영구적	하천(Rivers, streams, creeks)	M

대분류	중분류			기호
	분류기준 1	분류기준 2 - 수문기간	분류기준 3 - 세부	
			삼각주(Deltas)	L
			샘 또는 오아시스 (Springs, Oases)	Y
		계절적/ 간헐적	하천(Rivers, streams, creeks)	N
		영구적	> 8ha	O
	호수와 웅덩이		< 8ha	Tp
		계절적/ 일시적	> 8ha	P
			< 8ha	Ts
	무기질 토양의	영구적	초본 우점	Tp
	초본습지 (marshes)	영구적/ 계절적/ 간헐적	관목 우점	W
		계절적/ 간헐적	교목 우점	Xf
	이탄토양의	영구적	비삼림 지역	U
	초본습지 (marshes)		삼림 지역	Xp
	무기질 또는 이탄 토양의		고산지역(alpine)	Va
	초본습지		툰드라	Vt
	염수, 기수, 알칼리수	호수	영구적	Q
			계절적/간헐적	R
		Marshes & pools	영구적	Sp
			계절적/간헐적	Ss
	담수, 염수, 기수, 알칼리수		지열	Zg
			지중, 지하	Zk(b)
인공 습지	양식장 또는 양어장		양어장, 새우양식장	1
	연못		8ha 이하의 소형	2

대분류	중분류			기호
	분류기준 1	분류기준 2 - 수문기간	분류기준 3 - 세부	
	관개지		논, 관개수로	3
	계절적으로 범람하는 농경지		집약적으로 관리되거나 방목되는 습초지나 방목지	4
	소금 생산지		염전	5
	물 저장 지역		저수지, 댐 등 8ha 이상	6
	인공 구덩이 (Excavations)		자갈, 벽돌, 점토채취장과 토사채취장, 채광지역	7
	폐수처리 지역		sewage farms, settling ponds, oxidation basins 등	8
	운하와 배수로, 도랑		ditches	9
	카르스트와 다른 지하수문 시스템		인공	Zk(c)

출처: Wetland classification used by the Ramsar Convention Bureau(revised Ramsar, 2006)

습지보전을 위한 국내·외 동향

　　1940년대 미국은 습지성 물새들의 자연적 먹이를 제공하기 위해 습지의 식물종을 생산에 관한 연구를 진행하였다. 유럽의 경우, 1960년대부터 습지에 서식하는 조류가 감소함을 인지하고, 생태학자들은 철새의 이동경로와 서식지 등 습지 보호에 관심을 갖기 시작하였다. 이후 1971년 2월 첫 국제회의가 이란의 람사르(Ramsar)에서 개최되었고, 유네스코(UNESCO) 주도하에 18개국들이 회의를 통해 이를 '람사르협약'이라 명명하였다. 람사르협약은 전 지구적 지속가능발전 목표(Sustainable Development Goals: SDG)를 달성하기 위해 세계 습지를 보전하고, 이를 현명하게 이용하려는 목적을 담고 있다. 우리나라의 경우 1997년 처음으로 람사르협약에 가입하고, 1990년대부터 국가 습지보전법을 제정하고, 습지보호지역을 지정하여 체계적으로 관리하고 있다.

람사르협약에 가입한 국가들은 1997년부터 2024년까지 4차에 걸쳐서 습지전략계획을 수립해왔으며, 이에 따라 ① 습지의 보전, ② 습지 보전을 위한 국제협력 증진, ③ 습지보전에 대한 의사소통, ④ 협약 관련 활동 지원 등의 의무와 책임이 따른다. 2015년 람사르당사국 총회에서 우리나라와 튀니지가 공동 제안한 습지도시인증제도가 채택되었으며, 2018년 제13차 당사국총회에서 우리나라가 단독 제안한 습지생태계서비스 간편평가(RAWES)도구가 채택되는 등 국제적으로 적극적인 행보를 이어오고 있다.

생태계서비스와 습지간편평가법(RAWES)

생태계서비스(ecosystem services)는 인간이 생태계로부터 직·간접적으로 얻는 재화와 서비스, 또는 인간이 생태계로부터 얻는 편익을 뜻한다. '생태계서비스'라는 용어는 2005년에 새천년 생태계평가(MA)에서 수행하면서 그 개념이 정립되었다. 생태계서비스는 크게 4가지로 구분하는데, 공급서비스(Providing service)와 조절서비스(Regulating service), 문화서비스(Culture service), 지원서비스(Supporting service) 등이 해당된다.

이에 대한 항목을 세분화하여 경제적 산출이 가능하여 습지생태계의 가치 증진 등 환경 정책에 활용하고 있다. 생태계서비스 가치평가법은 국가 습지보호지역 특정 대상지에 적용하여 물리적 평가를 진행한 연구사례도 있다. 이는 그 평가값을 수치화하여 경제적 수치를 산출하는 일은 습지생태계가 주는 이로움을 좀 더 객관적이고 과학적으로 입증하는 도구가 된다. 즉, 생물다양성 인식 증진 및 습지보전을 위해 습지생태계에서도 생태계서비스 기능을 도입하여 습지의 가치를 평가하였다. 이 제도가 바로 람사르협약의 습지간편평가법(Rapid Assecement of Wetlands Ecosystem Services: RAWES)이며, 생태계서비스 기능을 습지에 적용하여 경제적 가치를 객관적으로 평가하는 방식이다.

습지간편평가법(RAWES)은 〈표 2〉와 같이 4가지 서비스 기능에 대한 구체적인 36개 평가항목을 습지생태계에 적용하여 5단계 척도(＋＋, ＋, 0, －, －－)로 평가하는 방식으로 이루어진다. 공급서비스는 식수 또는 담수와 같은 물자원, 식량, 연료, 섬유, 유전자원, 천연약품, 광물, 수력 및 풍력 발전을 포함하고 있다. 조절서비스는 공기와 기후를 조절하고, 폭풍과 홍수와 같은 자연 재해를 경감시켜준다. 이와 더불어 조절서비스는 해충이나 질병, 가축 병해 등 규제, 침식, 물 정화 등이 해당된다. 문화서비스는 전통 유산, 관광 자원, 미적 가치, 종교적 가치 등을 포함하고, 교육 및 연구 영역도 속한다. 지원서비스는 1차 생산물 또는 유기물 공급, 영양염류와 물의 순환, 서식지 제공, 토양 형성 등의 항목이 해당된다. 〈표 2〉와 같이 지역(local), 국가(resional), 전 세계(global) 등 규

표 2 람사르협약의 습지간편평가법(RAWES)

Service Functions	Benefit Items	How Important?	Scale of Benefit		
			Local	Regional	Global
제공서비스 Provisioning services	Fresh Water				
	Food				
	Fuel				
	Fiber				
	Genetic resources				
	Natural medicines or pharmaceuticals				
	Ornamental resources				
	Clay, mineral, aggregate harvesting				

Service Functions	Benefit Items	How Important?	Scale of Benefit		
			Local	Regional	Global
조절서비스 Regulatory services	Energy harvesting from natural air and water flows				
	Air quality regulation				
	Local climate regulation				
	Global climate regulation				
	Flood hazard regulation				
	Storm hazard regulation				
	Disease regulation – human				
	Disease regulation – livestock				
	Erosion regulation				
	Water purification				
	Wetland regulation				
	Salinity regulation				
	Fire regulation				
	Noise and vibration regulation				
문화서비스 Cultural services	Cultural heritage				
	Recreation and tourism				
	Aesthetic values				
	Spiritual and religious value				
	Educational and research				
Supporting services	Soil formation				
	Primary production				
	Nutrient cycling				
	Water recycling				
	Provision of habitat				

Score — Assessment of ecosystem service
- ++ : Significant positive contribution
- + : Positive contribution
- 0 : Negligible contribution
- - : Negative contribution
- -- : Significant negative contribution
- ? : Gaps in evidence

출처: COP13 of Ramsar, 2018

모를 세분화되어 그 가치를 확대 및 부각시킬 수 있다. 예를 들면, 전 세계 철새의 국가 간 이동경로 및 서식지 제공하는 습지일 경우, 조절서 비스의 중요도에서 긍정적이고 높은 평가를 받을 수 있다.

습지간편평가법의 첫 번째 장점은, 생태계서비스 개념을 적용하여 이해하기가 쉽고 편리하게 이용할 수 있는 것이다. 과거의 복잡한 습지 평가방법 항목들을 객관화·간소화·세분화하여 습지 전문가뿐만 아니 라 일반인도 평가할 수 있다.

둘째, 습지간편평가법(RAWES)은 국내외적으로 일관성 있는 평가체 계로 연구에 활용할 수 있다. 36개의 평가 항목에 따라 객관적이고 과학 적인 분석이 가능하며, 습지보전을 위한 인식 증진 및 설득력 있는 지표 가 된다. 2018년 이후 많은 세계 생태학자 및 습지전문가들은 다양한 세계 습지를 대상으로 과학 논문을 완성해오고 있다.

셋째, 습지간편평가법(RAWES)을 활용하여 습지의 전통지식을 계승 할 수 있다. 람사르협약의 습지전략계획에서 '전통지식의 활용'이 세부 실천과제로 강조되고 있다. 사라져가는 전통지식은 특정한 지역에서 자 연과 더불어 살아온 주민들에 의해 구축된 생태지식과 전통적 생활양식 을 포함하고 있다. 예를 들면, 화포천 습지보호지역의 경우 전통적 어구 어법 '들살' 및 전통음식 '고동짐국'을 발굴하고, 영상 제작으로 습지를 홍보하였다. 그 밖에 광주 장록습지, 문경 돌리네습지, 대암산 용늪 등 지역 습지가 가진 설화, 전통음식의 조리법 등의 영상을 만들고, 지식재 산권에 등록하기도 하였다. 이러한 각 지역 습지에 대한 전통 기록은 역 사적 또는 문화적 성격을 지니고 있다. 람사르협약 습지보전의 내용을 뒷받침할 수 있는 국가생물다양성 전략계획에서도 전통 유전자원의 활 용과 토착원주민 지역공동체의 전통 관행 등의 기록 및 활용을 권장하 고 있다.

이와 같이 람사르협약의 습지간편평가법을 적극적으로 활용한다면, 각 습지가 가진 전통과 고유성을 많은 사람들에게 알리고, 습지생태계의 가치를 높일 수 있다. 전통 농어업을 통한 생산물은 공급서비스 가치를 높이고, 습지의 전통지식은 문화적 가치에서 높은 점수를 인정받을 것이다. 결과적으로 습지간편평가법(RAWES)을 통해 전국의 많은 습지들 중에 우수 생태습지를 발굴할 수 있다. 무엇보다 습지보전의 중요성을 깨닫고, 국가 습지보호지역과 국제 람사르습지가 확대된다면, 기후변화와 인간의 개발로 점점 훼손되는 습지를 체계적으로 보호하고 현명하게 관리할 수 있다. 각 국가의 습지생태계의 정확한 평가는 전 지구적 생물다양성 증진에 기여하고, 더 나아가 후손에게 건강하고 균형된 생태계를 물려줄 수 있을 것이다.

환경과 풍수

정경연 _인하대학교 정책대학원 교수

풍수지리와 환경

　한국의 전통 지리학인 풍수지리는 환경과 밀접한 관계가 있다. 자연환경의 핵심요소인 바람(風)과 물(水)과 땅(地)의 이치(理)를 다루는 학문이기 때문이다. 바람과 물과 땅은 하나의 시스템으로 순환하며 자연환경을 조성하고 생태계를 유지한다. 뿐만 아니라 인간의 건강과 삶의 질에도 영향을 준다. 우리 조상들은 이러한 자연을 존중하고 자연에 순응하며 자연과 함께 살아야 자손만대까지 행복한 삶을 영위할 수 있다고 믿었다. 이러한 과정과 경험을 바탕으로 풍수지리가 발전하였다.

　풍수지리 기원에 대해서 한반도 발생설과 중국 유입설이 있으나, 사람이 살면서부터 자연환경에 적응하기 위해서 발생했다는 설이 유력하다. 겨울은 차가운 바람을 피해 따뜻하고, 여름은 시원하면서 태풍과 홍수와 같은 자연재해에 안전한 터전을 찾고 가꾸어 왔다. 또한 경제적으로 윤택한 삶을 유지할 만한 조건, 군사적으로 방어하기에 좋은 조건을 갖춘 곳을 선택했다. 이러한 과정을 거치면서 풍수지리 이론이 정립되었다.

풍수지리 이론은 땅을 생기가 있는 유기체라는 전제에서 출발한다. 동진시대 곽박(276~324)은 《금낭경》에서 "땅이 있으면 곧 기가 있고, 기는 땅속을 흐르며, 기가 발하여 만물을 생성한다"고 정의하였다. 또한 "땅속 생기가 밖으로 표출되어 바람이 되고, 바람은 위로 올라가 구름이 되고, 구름은 모여 비가 되고, 빗물은 내리어 땅에 스며들어 생기를 만든다"고 하였다. 정리하자면 땅에는 기가 있는데, 기가 바람과 물과 땅속 생기로 순환하는 이치가 곧 풍수지리라는 것이다. 이는 오늘날 기후 시스템 5대 요소(지권, 대기권, 수권, 생물권, 빙권)의 순환과 크게 다르지 않다.

날로 심각해지는 기후변화와 생물다양성감소는 바람과 물과 땅 관리를 잘못해서 생긴 탓이다. 화석연료 과다사용으로 바람 순환을 이루는 대기를 오염시켰고, 물 순환의 근원인 수질을 오염시켰으며, 생물들의 서식처인 토양을 오염시켰다. 풍수지리 관리를 잘못해서 기후변화와 생물다양성을 감소시켰다면 그 해결책도 풍수지리에서 찾을 수 있다. 그동안 풍수지리를 토속신앙이나 묫자리 잡는 술수 정도로만 보아왔다면 이제는 풍수지리의 본질을 보아야 할 시기다. 풍수지리에는 수많은 이론이 있지만 크게 용론, 혈론, 사론, 수론, 명당론, 향론, 비보론이 핵심이다.

풍수 이론과 환경적 역할

용론은 산과 산맥(산줄기)에 대한 이론이다. 용이라 명칭은 산과 산을 연결하는 산줄기 모습이 마치 용처럼 생겼다 하여 붙여진 이름이다.

산맥은 전기를 전달하는 전선에 비유되며 땅의 생기를 전달하는 역할을 한다. 우리나라 산맥의 시작은 백두산에서부터다. 백두산에서 지리산까지 연결된 산줄기를 백두대간이라 하고, 백두대간에서 갈라져 해안까지 연결된 큰 산줄기를 정맥 또는 정간이라 한다. 정맥과 정간에서 다시 갈라져 나간 산줄기들이 실핏줄처럼 전국으로 퍼져 지형을 이룬다. 한반도 어느 땅이든 산맥을 따라가면 가지 못하는 곳이 없다. 풍수지리에서 산줄기를 용맥 또는 맥이라고 하여 매우 중요하게 여기는 까닭이다.

산맥은 자연환경의 근본이라 할 수 있으며 이를 보전하면 다음과 같은 환경적인 효과를 기대할 수 있다. 먼저 생기를 전달할 수 있는데 생기 있는 땅에서만 생물이 살아갈 수 있다. 개발로 산맥이 잘리면 땅은 생기를 잃게 된다. 산맥은 땅의 골격이므로 지형변동률을 최소화하여 능선, 경사면, 골짜기, 계곡 등이 보존되어 다양한 생물서식처 및 이동통로를 확보할 수 있다. 산과 산맥은 겨울 찬바람을 막아주어 에너지 보존과 절약에 도움이 된다. 산맥의 숲과 토양은 우천 시 빗물을 모아 땅속을 적시게 하고, 골짜기와 계곡을 따라 조금씩 흘려보내 토양 건조화를 줄이고, 실개천을 살리며 생물들이 살아갈 수 있는 수분을 제공한다. 장마때는 빗물을 토양에 침투시켜 체류시간을 확보함으로써 홍수를 예방할 수 있다. 숲과 토양은 온실가스를 흡수하여 탄소감축에도 효과가 있다. 이 밖에 산맥과 산림은 산책로 등 휴식공간과 자연경관을 제공한다.

혈론은 터에 관한 이론이다. 혈은 용로부터 전달된 땅의 생기가 모인 곳으로 집을 짓거나 마을 또는 도시가 입지하는 곳이다. 대개가 산맥 끝자락에 있기 때문에 산 아래 마을이 형성되는 것이 보통이다. 산맥은 물을 건널 수 없기 때문에 강이나 하천, 계곡을 만나게 되면 더 이상 나가지 못하고 멈추게 된다. 산맥이 멈추게 되면 산맥을 따라 흐르는 생기도 더 이상 나가지 못하고 모이게 된다. 생기가 모인 땅이 혈인데 마치 나뭇가지 끝에 열매가 열리는 것처럼 혈도 산맥 끝자락에 위치한다. 자연에서 뒤에는 산맥이 있고 앞에는 물이 있는 지형을 배산임수라고 한다. 배산임수 지형이 택지 등 개발지로 적합하다는 뜻이다. 배산임수가 아닌 산 능선이나 비탈지, 하천변 등은 생기가 모이지 않는 땅이다. 이러한 곳을 개발하면 지형 훼손을 가져와 환경과 생태계 파괴를 야기하게 된다.

사론은 마을이나 도시를 사방으로 둘러싸고 있는 산에 관한 이론이다. 뒷산은 현무, 앞산은 주작, 좌측 산은 청룡, 우측 산은 백호라고 한다. 이들 산은 사방을 지킨다 하여 사신사라고 한다. 주변 산을 사라고 부르는 것은 옛날 지리를 가르칠 때 종이와 붓이 귀하기 때문에, 모래로 산 모양을 만들어 설명한 데서 유래되었다고 한다. 사의 역할은 생기를 바람으로부터 흩어지지 않도록 보호하는 데 있다. 산들이 사방을 에워싸고 있으면 그 안에 공간이 생기는데 이를 보국이라고 한다. 보국 안은 동내(洞內)가 되는데 공간이 작으면 작은 동네, 크면 큰 동네, 더 크면 읍이나 도시가 된다. 보국이 얼마만큼 잘 갖추었느냐에 따라 사람이 살기에 좋은 곳인지 아닌지를 판단한다. 보국이 잘 갖추어진 곳은 겨울에는 차가운 바람을 막아 따뜻하게 해주고, 여름에는 태풍을 막아 안전하게 해준다. 또한 바람세기를 조절하여 사람이 편안하게 살 수 있는 환경을 조성해 준다. 사방으로 산이 둘러싸인 마을과 도시는 신선한 공기와 깨끗한 물을 공급받는 데 유리하다.

수론은 물과 관련된 이론이다. 물은 생기를 보호하고 멈추게 한다. 산과 물이 만나는 곳에 생기를 모을 수 있기 때문에 풍수에서 매우 중요한 분야다. 예부터 살기 좋은 마을은 배산임수인 산과 물 사이에 위치한다. 평야지의 경우는 두 물줄기 사이에 위치하는 경우가 많다. 물은 구불구불하게 곡선으로 흘러야 좋다. 또한 물가나 하중에 바위나 모래톱 등이 있으면 좋은 것으로 본다. 이를 통해 우천 시 빗물의 유출속도를 낮추고 유출량을 저감함으로써 도시홍수를 예방할 수 있다. 유속이 느려지면 빗물을 충분히 토양으로 침투시켜 지하수를 함양하고 가뭄에 갈수 현상을 예방 수 있다. 풍수에서는 물을 '수관재물'이라 하여 재물로 보고 있다. 물이 풍부해야 농사에 유리했고, 물길을 통해 교역이 이루어져 부를 축적할 수 있기 때문이다. 그러므로 실개천, 담, 연못, 물웅덩이, 둠벙, 습지 등을 잘 보전해왔다. 이 같은 수환경은 친수공간으로 쉼터 및 여가 공간뿐 아니라 생물서식처 및 생태통로 역할을 하고 있다.

명당론은 들판에 관한 이론이다. 일반적으로 명당이란 좋은 땅을 의미하는데, 풍수에서는 마을 앞에 펼쳐진 평평한 들판을 말한다. 명당은 본래 천자의 앞마당으로 백관들이 모이는 곳인데, 풍수가들이 그 이름을 빌려 앞 들판을 명당이라고 부른 것이다. 명당은 집중호우로 하천이 범람하면 빗물을 저장하고 갈수기에는 수분을 증발하여 미기후를 조절하는 등 수 순환체계의 핵심적인 장소다. 낮에 태양에너지를 충분히 받아들여 밤에 기온이 급강하를 막아주는 역할도 한다. 조선후기 실학자 이중환은 《택지리》에서 사람살기 좋은 땅인 가거지의 조건으로 들판이 넓고 평탄해야 바람이 잘 통하고 기후가 순조로워 사람이 건강하게 살 수 있다고 하였다. 그러므로 환경정책에서 들판의 보존도 중요하다고 하겠다.

향론은 햇볕과 경관에 관한 이론이다. 향을 결정할 때 뒤로는 산이 있고 앞이 트인 곳을 선호했다. 앞이 트여야 햇볕을 잘 받고 바람이 잘 통하며 경치를 전망할 수 있기 때문이다. 특히 북쪽에 산이 있고 남쪽에

물이나 들판이 있는 곳을 선호했다. 겨울에는 차가운 북서풍을 막고 여름에는 시원한 동남풍을 맞아들일 수 있기 때문이다. 이는 겨울에 난방, 여름에 냉방에 필요한 에너지를 절약할 수 있는 구조다. 향에서 경관을 중요하게 여기는 것은 아름다운 산과 물과 들판을 바라보면 맑은 정서를 기를 수 있다고 보았기 때문이다. 이중환은 "대체로 사람은 양의 기운을 받아서 태어난다. 하늘이 곧 양의 빛이니 하늘이 조금밖에 보이지 않는 곳은 살만한 곳이 못된다. 해와 달과 별빛이 항상 밝게 비치고, 바람과 비가 적당하고 추위와 더위가 심하지 않은 곳이면 인재가 많이 나고 질병이 적다"고 하였다. 환경은 인간 행동양식과 건강에 영향을 미친다는 환경영향론을 적용한 것이라 할 수 있다.

비보론은 자연의 부족하거나 훼손된 부분을 인위적으로 보완해주는 것을 말한다. 풍수적으로 완벽한 땅은 없기 때문에 부족한 것은 보충하고 과한 것은 덜어내며 훼손된 것은 복원한다는 논리다. 비보 수단으로는 인공적으로 조성하는 산, 숲, 나무, 돌탑 등 다양한 방법이 있다. 예컨대 끊긴 산맥을 생태통로로 연결해주거나, 찬바람이 강하게 불어오는 곳에 숲을 조성하거나, 유속이 빠른 직강을 생태하천으로 조성하여 유속을 느리게 하는 것 등이 이에 해당한다. 전통마을에 가보면 인공적으로 조성한 숲이나, 나무, 돌탑 등을 볼 수 있는데 마을의 안녕을 위해서 비보한 흔적들이다.

환경정책에 풍수지리 활용 필요

풍수지리 본질은 자연환경 속에서 인간의 편안한 삶을 지속적으로 영위하는 데 있다. 만대영화지지를 목표로 하고 있는데 만대에 걸쳐 영화를 누릴 수 있는 땅을 찾고 가꾸자는 것이다. 오늘날 환경도 보전하면서 경제도 발전하는 지속가능한 개발 개념과 다르지 않다. 만대에 걸쳐 행복한 삶을 유지하기 위한 최소한의 자연조건을 제시하고 있는 것이 풍수지리이다.

21세기 인류 주요 관심사는 기후변화에 대응하기 위한 노력이다. 세계 각국은 기후변화에 대응하기 위해 환경규제를 강화하고 녹색산업에 집중하고 있다. 선진국들이 환경정책에 성공하는 것은 자국의 기후와 지형, 역사, 문화에 적합한 고유모델을 개발했기 때문이다. 우리도 우리에 알맞은 환경 모델이 필요한데 풍수지리 이론을 적용할 필요가 있다. 자연환경을 최대한 활용하여 에너지를 절약하고 바람과 물과 땅의 순환시스템을 복원하는 것이 풍수지리이기 때문이다.

풍수지리를 근거 없는 미신으로 인식하는 경향도 있지만 이는 일제강점기 민족정기 말살정책 잔재의 영향이다. 일제는 식민지 정책을 강화하기 위해 우리민족의 고유한 전통지식과 풍습, 문화를 미신화하였다. 풍수지리는 우리 조상들이 이 땅에 살아오면서 오랜 세월 경험을 통해 터득한 삶의 지혜가 축적된 이론체계다. 합리적이고 과학적인 측면이 있었기에 오랜 세월 명맥을 이어왔다. 그럼에도 불구하고 비판 받을 수 있는 부분이 있다. 이를 겸허하게 수용하여 체계적인 학문으로 발전시켜 나가겠지만 적어도 자연환경적인 측면에서만은 풍수지리는 진심이다. 풍수지리의 본질을 제대로 이해하고 활용하여 기후변화에 대응하고 환경을 보전하는 데 활용하는 것이 필요하다고 하겠다.

PART 7

생활 속 환경관리: 우리의 선택

무공해차와 수송부분 친환경 선택

임동순_동의대학교 교수

수송부문 온실가스 감축 대안으로 무공해차의 보급
: 속도와 방향

　수송부문은 세계 경제뿐만 아니라 대부분 국가의 경제 성장과 복지 증진에 핵심적인 분야다. 우리나라에서도 자동차산업을 중심으로 한 수송부문은 전통적으로 중급과 고급 숙련 기술 노동 수요를 꾸준히 창출했다. 물론 사람과 상품의 이동을 원활하게 해서 서비스 가치와 기회의 증진에 크게 기여했다. 그러나 광범위한 환경오염 문제와 온실가스라는 국제적 외부불경제와 사회적 비용의 원인이 되는 점도 간과할 수 없다. 최근 OECD 보고서(ENV/EPOC/WPIEEP(2024)3, 2024)에 따르면, 수송부문은 2022년 기준 세계적으로 에너지 소비로 인한 CO_2 배출의 약 23%를 차지했다. NOx, CO, VOC, SO2, PM2.5는 각각 50%, 25%, 20%, 10%, 5%가 수송부문에서 쏟아졌다. 이러한 대기오염물질은 매년 6.5백만 명 사망의 원인으로 작용했고, 연간 약 8조 달러의 경제적 손실을 초래했다. 장기적 기후 위기 문제와 교통혼잡, 소음, 사고 발생 등의 부수적 피해를 고려하면 혁신적 조치가 요구되는 분야다.

수송부문에서 발생하는 환경피해를 줄이고, 탄소중립을 달성하기 위해서는 화석 연료 중심의 수송체계를 무공해차로 전환하는 것이 시급하다. 전력 생산의 전원구조를 달리 고려하면 무공해차는 사실상 운행에 따른 온실가스 배출은 거의 없는 차량이다. 그런데 배터리 전기차(Battery Electric Vehicles: BEV)와 수소전기차(Fuel Cell Electric Vehicles: FCEV)를 포함하는 무공해차 보급이 빠르게 증가하다가 최근에 더뎌졌다. 무공해차는 지구적 과제인 탄소중립과 넷제로를 달성하기 위한 수송부문의 핵심 수단이다. 과거 초기 기술 수준의 전기차가 있었으나 기술적, 경제적 효율성이 미치지 못해 내연기관을 대체하지 못했다. 2010년대 후반 이후 북유럽 국가를 중심으로 무공해차 보급 속도가 매우 빨라졌다. 중국, 유럽도 전기차 고유의 편이성뿐만 아니라 수송부문 온실가스 감축 수단으로 매력 때문에 무공해차를 본격적으로 보급했다.

그러나 최근 들어 배터리 주행거리 확대의 한계, 장시간 충전과 충전설비의 불충분 등이 쉽게 해소되지 않으면서 보급 확대 속도가 다소 둔화하였다. 물론 무공해차 보급 확대 기간이 이어지면서, 혁신 제품을 먼저 구매하는 소비자층이 점차 작아진 점도 있다. 후속으로 구매하는 소비자층은 경기침체 지속과 함께 앞서 얘기한 충전설비 부족, 시간 소요 등 충전의 불편함, 계절적 영향을 받는 배터리 특성, 전기요금의 인상 가능성, 보조금의 점진적 축소 등의 영향으로 선뜻 차량의 혁신적 전환을 선택하지 못한다. 원인으로 작용한 것으로 보인다.

무공해차는 생각보다 덜 매력적인가? 보급 둔화는 한풀 꺾이는 대세의 전환이라기보다는 보급 속도의 조절이지 방향 변화는 아닌 것으로 판단된다. 우리나라를 포함한 세계 여러 나라에서 정책적으로 보급 확대를 강력하게 추진하고 있다. 우리나라의 탄소정책과 방향 설정 주관 기구인 '탄소중립녹색성장위원회'는 무공해차 보급과 관련해서, 전기·수소차를 2030년까지 450만 대까지 보급한다고 한다. 여기에 더하여 무공해차 보급 확대를 위해 필수적인 충전설비 확대도 포함된다. 2030년까지 전기차 충전소 123만 기 이상, 수소충전소 660기 이상 구축하는 것이 목표다. 대담한 미래 목표지만 달성하지 못할 것도 없다.

소비자는 왜 무공해차를 선택할까? 아니면 선택을 주저할까?

운송 수단을 선택하는 데 있어서 소비자들은 무공해차가 안전과 주행거리, 최초 구매가격과 잔존가치 등의 변수를 일차적으로 고려한다. 경제적 불확실성 이외에 충전설비와 충전 시간, 그리고 배터리 기술과 교체 등의 원인도 고려한다. 우리나라 내수 시장에서 무공해차 수요 부진은 초기 무공해차 얼리어답터(Early adopter)들의 선택은 이미 이루어졌고, 일반 소비자(Mass majority) 또는 후속 구매자들은 앞서 언급한 요인의 부정적 경향이나 의구심으로 인하여 구매를 미루는 것으로 설명된다. 특히 보조금의 점진적 축소와 무공해차 기본 가격, 충전설비의 불확실성이 가장 큰 요인으로 작용한다.

딜로이트 그룹의 2024년 세계 자동차 소비자 조사 보고에 따르면, 무공해차를 구매하려는 가장 큰 이유는 국가별로 비용, 안전, 편이성 등에 있어서 영향 요인에 차이가 있다. 대체로 낮은 연료비용과 정부의 인센티브/보조금 지급, 낮은 유지/관리 비용 등 차량구매와 운영에 있어서 비용 절감이 주도적 선택요인으로 나타났다. 대부분 국가에서 환경에 대한 고려는 두 번째 선택요인으로 나타났다. 우리나라의 경우 환경 요인은 세 번째다.

소비자들이 전기차를 선택하지 못하는 이유는 다양하다. 내연기관

표 1 주요국별 순수전기차(BEV)에 대한 소비자 우려 사항

요인	중국	독일	인도	일본	한국	동남아시아	미국
충전 소요 시간	42%	40%	43%	48%	48%	45%	50%
주행거리	40%	55%	39%	41%	36%	43%	49%
비용/프리미엄 가격	21%	42%	35%	30%	30%	37%	48%
배터리 교체 비용	41%	38%	35%	35%	35%	38%	37%
공공 전기충전 인프라 부족	32%	37%	42%	39%	36%	44%	42%
가정용 전기충전기 부족	17%	41%	27%	43%	26%	26%	26%
추운 날씨에 저하되는 주행 안정성	41%	33%	42%	24%	24%	33%	33%
지속 발생하는 충전/운행 비용	24%	27%	26%	27%	27%	24%	30%
전기배터리 안전/기술 문제	38%	32%	40%	29%	45%	38%	30%

주: 가정 내 전력 인프라, 중고차 재판매 가격 등 하위 요인은 제외하였음.
출처: Dr. Harald Proff 외 3인, 2024 글로벌 자동차 소비자 조사, 한국 딜로이트 그룹, 2024.

차에 비해 고가라는 단점과 긴 충전 시간, 짧은 주행거리 등의 불편함이 대표적 요인이다. 게다가 전기차를 통한 운영비용 절감 효과가 초기에는 체감되나 점차 연료비용(전기요금)의 교차 보조 감소, 배터리 등 불확실한 유지/관리비용 등으로 비용 절감의 효과에 대한 의구심이 여전히 존재하는 점도 부정적 영향을 미친다. 불확실한 경제 상황도 큰 요인이다. 특히 젊은 세대(18~34세)에서는 구매를 통한 차량 소유를 포기하고 일종의 서비스 이용 방식인 차량 구독(vehicle subscription) 서비스에 관

한 관심이 증가하고 있다는 점도 상대적으로 무공해차 보급에 부정적 요인으로 작용한다. 우리나라의 경우 다른 나라와 유사하게 충전소요 시간이 첫 번째 선택 지연 요인이다. 그러나 다른 나라와 달리 전기 배터리의 안전과 기술 문제가 두 번째 요인이다. 빨리빨리 선호 특성과 안전과 언론 보도에 민감한 성향을 반영한다. 어쩌면 선택 지연 요인이 개선되면 무공해차 보급이 매우 빨라질 수 있는 여건이다.

수송부문에서라도 기후 천사가 되려면

산업 구조 등 다양한 요인으로 화석 연료 사용이 많은 우리나라가 수송부문에서는 무공해차 보급 확대로 기후 위기 대응의 우등생이 될 수 있다. 우리나라에서 수송부문 탄소중립을 위해서 정부가 구축해야 하는 여건 개선은 여러 가지 있다. 교외 지역의 대중교통 서비스를 확대하고, 여러 규제가 많은 1인 전동차 보급 여건을 개선하여 다양하게 무공해차가 보급되도록 해야 한다. 안 그래도 강한 디지털 기술과 부상하는 디지털 플랫폼의 활용은 무공해차 보급뿐만 아니라 자율주행 부문에서도 선도적 지위를 확보하는 데 유용하다.

소비자 선택의 주요 장애요인인 충전설비와 관련하여 공공부문 충전소와 함께 가정, 직장, 소규모 주차장 등 편이성과 충전 시간 단축을 위한 접근이 강화되어야 한다. 보조금과 세제 지원은 기본적으로 가격에 영향을 주어 선택 확대 요인으로 작용하지만, 내연기관 자동차에 대한 환경규제, 화석 연료에 대한 온실가스 및 환경적 비용 부담 증가로 인하여 점차 영향력이 적어질 것으로 예상된다. 또한 자동차산업의 근본적인 혁신과 경쟁 구도 조성을 위해서도 점진적으로 보조금 규모를 축소하는 것이 필요하다. 면밀한 분석을 통하여 기간에 따라 최적 보조금 체계를 설계하는 것이 중요하다. 마지막으로 차량 구독, 자동차 공유, 기타 공동이용 등이 밀집지의 기차나 지하철역 또는 교외 지역 등에 미치는 환경적, 경제적 영향과 소비자 반응을 연구하여 미래의 자동차 소유 방식 변화와 수송부문 탄소중립 정책 수단 설계와 정책 수단 간 조화를 이루는 접근이 필요하다.

물질이 순환하는 지속가능한 사회

김은아_국회미래연구원 연구위원

　'지속가능성'이라는 단어는 문자 그대로 해석하면 어떤 활동을 계속 지속할 수 있는 능력을 의미한다. 지속가능성을 위협하는 요소로 '기후위기'나 '경제위기'를 쉽게 떠올릴 수 있을 텐데, 우리 생활을 구성하는 물질의 흐름 관점에서 지속가능성을 해석하는 것은 생소할 수 있다. 만약 ① 물질이 무한정 공급될 수 있고, ② 제품을 다량 생산하는 과정이 환경에 무해하며, ③ 다 쓴 제품을 마구 버려도 지구 어딘가에 버려진 폐기물이 우리의 건강을 위협하지 않는다면 물질의 흐름은 인간 사회의 지속가능성과 별로 관계가 없다. 즉, 물질의 투입, 사용, 폐기 과정에 제약 조건이 없다면 우리는 지속가능한 물질 흐름을 고민할 필요가 없다. 그러나 우리는 현재 ①, ②, ③ 조건 모두 성립하지 않는 지구환경에 살고 있다는 것을 알고 있다. 즉, 물질의 흐름 관점에서 지속가능성을 이야기할 필요가 있다.

　이러한 '물질이 순환하는 사회,' 다시 말해 순환경제사회 구축의 필요성이 환경·생태적 관점에서 제기된 것은 수십 년 전으로 상당히 오래된 개념이다. 그러나 2020년대에 들어서, 주요국의 주류 제도로 등장하게 된 것은 코로나19를 전후로 전 세계가 동시다발적으로 겪고 있는 환경·경제·사회 영역에서의 복합위기를 극복할 대안이 필요하기 때문이다. 특히 기후변화와 환경오염과 같은 글로벌 환경 위기에 대한 심각성이 강조되는 전 세계적인 변화 흐름과 함께 녹색전환 정책이 각국의 경쟁력을 강화하는 경제·산업정책과 결합하면서 발생한 것으로 볼 수 있다. 눈여겨볼 만한 점은 이러한 시대적 여건들이 일견 순환경제와 관련이 없어 보이는 것도 있지만, 가만히 들여다보면 제품 생산－사용－폐기 전 과정에서 지속가능하지 않은 방식의 물질 사용 행태를 조정하기 위한 순환경제 제도가 광범위한 경제 영역의 정책과 맞닿아있다는 점이다.

우선, 순환경제의 오래된 정책영역인 폐기물 관리 차원에서 살펴보면, 폐기물을 수용할 수 있는 환경 용량 초과가 도시화가 진행된 지역에서 가장 즉각적으로 대응이 필요한 부분이다. 일회용품 사용량 증가에 따른 폐기물량 증가로 최종처분이 가능한 매립장 및 소각장의 신규 건설 및 확장이 불가피하나, 폐기물 처리시설은 주민들이 기피하는 시설로 폐기물이 다량 발생하는 주거지역 인근에 들어서기 어려운 상황이다. 다른 한편, 부적절한 폐기물 처리로 인해 환경으로 배출되는 폐기물 및 환경 오염물질은 해양·강·토양·대기를 오염시켜 건강을 위협한다. 플라스틱 폐기물에서 발생하는 미세플라스틱의 유해성과 물 환경에 방치된 플라스틱 조각으로 인한 수중생물의 피해는 대표적인 사례이다. 이러한 환경파괴 및 건강 영향을 줄이고자 생산－소비－폐기 단계를 아우르는 플라스틱협약이 준비되고 있으며, 플라스틱 환경오염 예방을 위한 순환경제 전략이 협약문에 중요하게 다뤄질 예정이다.

한편, 무분별한 자원 사용을 통해 경제적 효율성만 고려한 방식의 생산은 제품별 정도의 차이는 있겠으나 제조하는 단계마다 온실가스를 비롯한 다양한 오염물질을 배출하고, 생물다양성 파괴가 불가피하다. 또한, 지역에 따라 노동환경이 열악한 곳에서 인권이 보장되지 않은 노동이 강요되는 문제도 발생할 수 있다. 이러한 생산부문의 지속가능성 리스크를 관리하기 위하여 전 세계적으로 기후위기, 환경오염, 생물다양성 파괴, 노동자 인권과 같은 요소를 기업의 지속가능성 공시 내용에 포함하는 것을 의무화하는 추세에 있다. 지속가능성 공시가 기업 단위의 정보공개라면, 제품 단위의 지속가능성 정보공개 의무화도 진행되고 있다. 이른바 디지털제품여권(Digital Product Passport: DPP)은 제품의 자원효율성, 재생원료 함량, 수리가능성 등 순환경제 정책과 밀접한 영역의 정보를 포함하여 공개하게 되어있어 지속가능한 생산·소비 정책 프레임워크 안에서 물질의 순환성 향상에 기여하는 주요 정책 수단이 될 것으로 기대되고 있다.

이와 더불어 제품을 생산하는 과정에서 발생 가능한 사회·환경적 피해 저감에 필요한 규제비용이 제품의 가치사슬 일부에서만 반영되어서는 기후변화와 같은 전 지구적 위기를 막는 데에 한계가 있으며, 규제비용이 높은 국가의 경쟁력을 저하하는 요인이라는 인식이 선진국을 중심으로 설득력을 얻고 있다. 유럽연합의 탄소국경조정제도(CBAM)가 이러한 인식을 반영하는 대표적인 제도이며, 2024년 발효되기 시작한 에코디자인규정(ESPR) 또한 우회적인 방식이기는 하나 제품 전주기상의 지속가능성을 관리함으로써 궁극적으로 부정적인 사회·환경 영향을 특정 벨류체인에 전가하는 것을 방지한다는 점에서 지향점이 유사하다고 볼 수 있다. 개정된 에코디자인 규정은 기존에 에너지효율성 항목에만 적용하였던 에코디자인 지침을 거의 모든 제품군에 적용하도록 규정하였으며, 재생원료 사용, 재사용성, 재활용성, 환경영향 등의 항목으로 크게 확장하였다. 그리고 유럽에서 생산되는 제품뿐만 아니라 유럽에 판매되는 제품의 가치사슬에 포함된 모든 생산자를 관리함으로써 전 세계로 제도 영향력이 확대될 것으로 보고 있다. 이를 통해 과거 유럽연합 국가와 직접 거래하는 기업에만 높은 환경기준이 적용됨으로써 발생하던 규제비용이 더욱 넓은 국가 및 산업으로 확장 적용될 예정이며, 산업 영역에서 순환경제로의 전환 또한 빠르게 주류화될 것으로 전망된다.

생산 단계에서 순환경제 방식으로의 전환이 특히 빠르게 요구되는 업종이 있다. 가까운 미래에 핵심원자재가 무한정 공급되기 어려울 것으로 전망되고 있는데, 이들 물질 사용이 불가피한 업종이 그것이다. 글로벌 미래산업 전환은 크게 녹색전환과 디지털전환 두 축으로 전망할 수 있는데, 이러한 방향의 산업전환에는 핵심원자재 공급 안정성이 핵심적이며, 유럽을 비롯한 주요국은 핵심원자재의 중국의존도로 인한 공급망 리스크를 관리하기 위하여 최근 법제도를 정비하고 있다. 유럽연합에서는 2024년 5월부터 핵심원자재법이 발효되었으며, 우리나라도 2023년 유사한 내용을 담고 있는 정부 정책을 발표한 바 있다. 그리고 이러한 법제도와 정부 정책에서 리스크 완화전략의 중요한 내용으로 순환경제 요소가 반영되어 있다. 천연자원이 무한정 공급되지 않는다면 사용 후 제품을 다시 생산에 재투입하는 방법을 사용하겠다는 것이다. 여기서 핵심원자재 글로벌 공급망 리스크 대응에 필요한 조치를 순환경제의 전과정 관리 정책 프레임워크가 상당 부분 지원할 수 있다는 부분에 주목할 필요가 있다.

이상의 환경·경제·사회적 여건변화로 인해서 '물질이 순환하는 사회'로의 전환은 지속가능성을 확보하기 위한 필수과제가 되었다. 문제는 이러한 여건변화에 따라 그동안 당연하게 생각했던 생산, 소비, 폐기

방식을 이제는 사용할 수 없게 됨에 따라 산업전환과 같은 거시적인 사회경제적 구조 변화에서부터 일반 소비자의 새로운 소비 행동 양식으로의 변화까지 삶의 구석구석에서 변화가 불가피하다는 것이다. 변화는 저항과 갈등을 가져오고 그 과정이 매끄럽게 진행되지 않는 경우 피로감이 발생할 수 있을 것이다.

생산자의 경우 자의 반 타의 반 새로운 규범을 받아들여야 한다. 제품군에 따라 재생원료를 의무적으로 일정 비율 이상 사용하여야 하며, 재활용이 용이하게 제품을 디자인하여야 하고, 수리 방법을 제시하는 등 수리권을 향상시켜야 하며, 가치사슬 전체에서의 탄소배출량을 저감하고 그 정보를 공개해야 한다. 이와 더불어 순환경제형 비즈니스 모델로의 전환에서 기대될 수 있는 기회 영역을 적극적으로 모색해야 할 때이기도 하다. 이러한 동시다발적인 변화 요구에 규제비용이 당연히 발생하므로 이런 경우 일반적으로 기업은 정부에게 적응에 필요한 유예기간을 요청하는 방식을 취하게 된다. 그러나 최근의 변화는 한국 정부가 아닌 해외 기업, 즉 민간의 요청에서 시작되는 부분이 크므로 기업이 해외 규제에 대응하기 위한 정부 지원을 요청하고, 오히려 국내 제도가 해외 제도에 부합할 수 있도록 규제 개선을 요청하는 방향으로 진행되고 있다. 반면, 국내 시장을 타깃으로 하는 기업의 경우 이러한 강화된 규제 조건이 반갑지 않을 것이고, 새로운 규제 도입에 저항하는 목소리를 낼 것이며, 이러한 업체의 입장에 따라 갈등이 발생할 가능성이 크다.

소비자는 구매하는 방법 및 기준의 변화, 거래하는 업체의 변화, 폐기하는 방식의 변화와 같은 변화를 경험하게 될 텐데, 이는 삶의 방식을 크게 흔드는 수준의 변화는 아니나, 새로운 소비 행동으로의 전환 및 적응이 요구된다. 특히 과거에는 사용 후 필요 없는 물건을 폐기하였다면, 이제는 폐기하기 전에 거래/공유하는 방식을 선택하고, 좀 더 다양한 방식으로 폐기하면서 동시에 경제적 이익을 얻는 방식으로 소비 행동을 전환할 것으로 예상된다. 또한, 제품 구매 단계에서 신제품을 소유하기보다 렌탈 방식을 택하고, 유지보수 및 수리 방식을 좀 더 적극적으로 모색함으로써 제품의 수명을 연장하는, 즉 물질의 효용성이 증가하는 방식의 소비를 할 수 있을 것이다. 이러한 소비자의 변화는 과거처럼 분리수거를 엄격하게 하기를 강요받는 방식이 아니라 경제적 이득 또는 편리함을 추구하고, 지속가능소비를 실천하면서 소비생활에서 만족도를 높이는 인센티브에 기반하여 행동 전환이 일어날 것으로 예상된다.

재활용 업체의 경우 가장 큰 변화를 경험하면서 갈등을 겪을 것으로 전망된다. 생산과 소비 방식이 과거와 달라짐에 따라 과거 분리수거 결과물을 수거하는 지역 기반 영세 업체는 수거되는 재활용품의 양이 줄어들거나 규모의 경제가 가능한 신규 업체와 경쟁을 해야 하거나 판매 가능한 재활용품의 품질 기준이 높아질 수 있다. 이러한 변화 환경이 긍정적으로 작용한다면 기존의 재활용 업체가 좀 더 고순도·고품질의 재생자원 원료를 공급하는 방식으로 업무 프로세스를 개선할 수도 있겠으나, 이러한 개선 작업을 가능하게 하는 데 필요한 새로운 기술 및 장비 도입이 여건상 허락되지 않을 수 있는 경우 사실상 점차 업계에서 경쟁력을 잃고 생계를 걱정해야 하는 상황이 벌어질 수 있다.

한편, 지자체는 순환소비 생활을 가능하게 하는 방식의 시설 및 지역 사업을 수용하기 위한 지역계획을 수립해야 하고, 시·군·구청의 업무 내용 또한 대폭 개편 되어야 할 것이다. 특히 자원순환팀이 담당해 왔던 과거 업무보다는 일자리나 민-관 협력과 같은 인접 업무와의 연계성을 강화하고, 지속가능소비 문화확산 같은 시민참여 사업의 비중을 높이는 등의 변화가 필요할 것으로 예상된다.

물질이 순환하는 지속가능한 사회는 종착지의 모습만 바라보는 경우 지구의 지속가능성을 위협하는 요소를 제거한 바람직한 상태라는 데에 모두 동의할 것이다. 따라서 순환경제는 우리가 지향해야 할 방향이라는 의견에도 이견이 없을 것이다. 그러나 그 상태로 가는 과정에서 많은 경제 주체가 변화에 수반되는 진통을 겪어야 할 것이다. 에너지 전환과 마찬가지로 순환경제 시스템으로 가기 위한 물질 전환에서도 민주적이고 정의로운 전환 과정이 고려되어야 하며, 전환 과정에서 발생할 수 있는 갈등을 어떻게 조정할지에 대한 고민도 함께 논의될 필요가 있다.

내가 사는 지역은 안전한 곳인가?

박소연_국립재난안전연구원 연구사

매일 뉴스나 언론매체를 통해 다양한 재난안전사고 소식들을 접할 때면 '과연 내가 사는 곳은 안심하고 살 수 있는 곳인가?'라는 의문을 가지게 된다. 그럴 때마다 모든 뉴스를 검색해보는 것은 한계가 있고, 또 뉴스가 우리 주변에서 발생하는 사고를 모두 보도하지는 않는다. 이에 내가 사는 지역이 얼마나 안전한지에 대해 누구나 알기 쉽도록 표현된 지역안전 관련 정보들을 소개한다.

지역안전지수

내가 사는 지역이 얼마나 안전한지 그 수준을 알고 싶다면 행정안전부의 '지역안전지수'를 찾아볼 수 있다. 지역안전지수는 「재난 및 안전관리 기본법」 제66조의10(안전지수의 공표 및 안전진단의 실시 등)[6]에 따

---

6) 제66조의10(안전지수의 공표 및 안전진단의 실시 등) ① 행정안전부장관은 지역별 안전수준과 안전의식을 객관적으로 나타내는 지수(이하 "안전지수"라 한다)를 개발·조사하여 그 결과를 공표할 수 있다. ② 행정안전부장관은 제1항에

라 안전과 관련된 각종 통계자료를 활용하여 각 지자체의 안전역량을 6개 분야[7]별 5개 등급[8]으로 나타낸 것이다. 지역안전지수는 안전에 대한 자치단체장의 책임성을 강화하고, 시민들의 관심을 유도하여 지역이 자율적으로 안전역량을 개선할 수 있도록 지원한다. 매년 전년도 통계자료를 활용하여 결과를 산출하며, '행정안전부', '국립재난안전연구원', 그리고 '생활안전정보' 웹사이트에서 그 결과를 확인할 수 있다. 지역안전지수 결과를 직관적으로 볼 수 있는 곳은 '생활안전정보' 웹사이트이며, 접속 후 '지역안전등급'을 선택하면 좌측의 지도, 우측의 그래프와 표를 확인할 수 있다. 좌측에서 해당연도와 지자체를 선택하면 우측에 결과가 제공된다. [그림 2]는 2023년 광역시 간 지역안전지수 등급을 나타낸 것이다. 그래프는 교통분야 등급을 나타낸 것으로 서울특별시가 1등급으로 가장 높고, 대전광역시와 울산광역시는 2등급으로 안전역량 수준이 양호한 것으로 볼 수 있다. 하단의 표는 6개 분야의 지역안전지수 등급이 광역시별로 각각 표기되어 지역 간 비교도 해볼 수 있다. [그림 3]은 서울특별시를 사례로 기초지자체(시, 군, 구)별 지역안전지수 등급을 나타낸 그래프와 표이다. [그림 4]는 지역안전지수 등급을 시계열 자료로 나타낸 그래프로 각 지역의 지역안전지수 등급 변화를 살펴볼 수 있다.

따라 공표된 안전지수를 고려하여 안전수준 및 안전의식의 개선이 필요하다고 인정되는 지방자치단체에 대해서는 안전환경 분석 및 개선방안 마련 등 안전진단(이하 "안전진단"이라 한다)을 실시할 수 있다.

7) 교통사고, 화재, 범죄, 생활안전, 자살, 감염병

8) 1등급~5등급으로 표기되며, 1등급일수록 상대적으로 안전역량이 우수하다 볼 수 있음, 도시와 농촌 등의 특성을 고려하여 (광역)시/도, (기초)시/군/구 간 상대적 등급을 공표한다.

웹사이트 메인

광역시 지역안전지수 등급(2023)

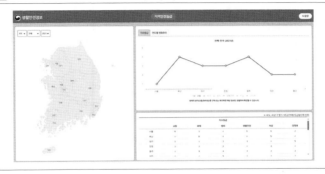

서울 기초지자체 지역안전지수 등급(2023)

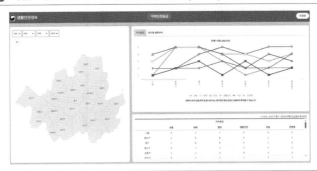

그림 4 기초지자체 연도별 지역안전지수 등

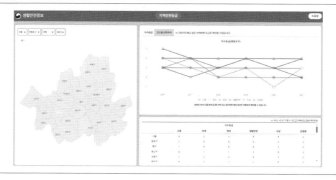

지자체 안전예산

내가 사는 지역에서는 안전관련 분야에 얼마나 많은 예산을 투자하고 있는지 알고 싶다면 지자체의 예산서9) 또는 결산서10)를 찾아볼 수 있다. 각 지자체의 웹사이트에서 '재정정보'를 찾아보거나 '지방재정 365 지방재정통합 공개시스템(이하 '지방재정365')'을 통해 전국 지차체별 예·결산서를 한눈에 볼 수 있다. 지방재정365 웹사이트에 접속하면 지방재정통합공시, 지방재정통계 등 다양한 관련 정보를 열람할 수 있다. [그림 6]과 같이 '지방재정통계 → 자치단체 통계 → 예산 → 예산현황 → 기능별 재원별 세출예산' 순서로 메뉴를 선택하면 전국 지자체의 분야별 세출예산 비율 확인이 가능하다.

몇 가지 자료를 추출하여 살펴보면 실제 2024년 전국 기준 세출예산 비율이 가장 높은 분야는 '사회복지' 분야로 39.41%를 나타낸다. '공

---

9) 연간 지자체 수입과 지출에 관한 계획
10) 세입세출예산의 집행실적을 확정된 계수로 표시

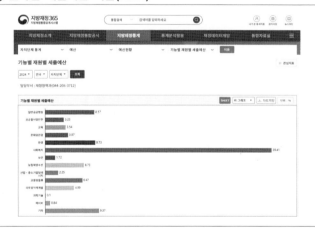

공질서 및 안전[11]' 분야의 세출예산은 14조원 정도로 총 세출예산 대비 3.23% 정도이다.

---

11) 세출예산 기능별 분류 기준 항목 중 023경찰, 025재난방재, 민방위, 026소방 관련 업무(정책사업)만을 포함하며, 이외의 안전관련 사업들은 타 항목에서 별도로 추출해야 한다.

그림 7 광역시·도별 안전분야 세출 예산액(백만원)

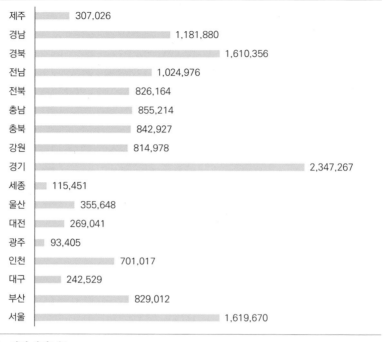

제주	307,026
경남	1,181,880
경북	1,610,356
전남	1,024,976
전북	826,164
충남	855,214
충북	842,927
강원	814,978
경기	2,347,267
세종	115,451
울산	355,648
대전	269,041
광주	93,405
인천	701,017
대구	242,529
부산	829,012
서울	1,619,670

출처: 지방재정365

전국 자료뿐만 아니라 광역시·도의 공공질서 및 안전 분야의 세출 예산액도 비교해볼 수 있다. 웹사이트 내 지자체별 세출예산서를 다운로드 받아 [그림 7]처럼 간단히 자료를 만들어볼 수 있다. 2024년 기준 경기도의 세출예산액이 약 2조 3천억 원 정도로 가장 많으며, 다음이 서울특별시와 경상북도가 약 1조 6천억 원, 전라남도가 약 1조원 수준으로 편성되어 있다. 그러나 세출예산액 규모는 지자체별 세출예산 총액의 규모, 인구수, 면적, 지자체 주요정책 분야 등 특성이 반영된 결과이기 때문에 모든 지자체를 동일선상에 놓고 단순 비교하기는 어렵다. 이에 세출예산 총액 규모 대비 공공질서 및 안전 분야의 세출예산액 비율

그림 8 광역시·도별 안전분야 세출 예산(%)

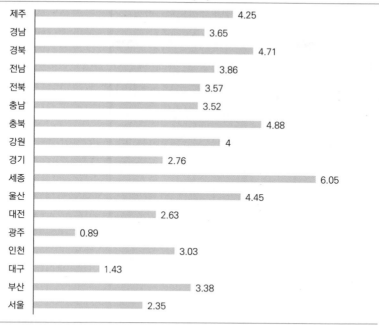

제주	4.25
경남	3.65
경북	4.71
전남	3.86
전북	3.57
충남	3.52
충북	4.88
강원	4
경기	2.76
세종	6.05
울산	4.45
대전	2.63
광주	0.89
인천	3.03
대구	1.43
부산	3.38
서울	2.35

출처: 지방재정365

을 비교하면 [그림 8]의 그래프와 같다. 공공질서 및 안전 분야 세출예산액 비율이 가장 높은 지역은 세종특별자치시로 6.05%이며, 충청북도와 경상북도가 4% 후반, 울산광역시와 제주특별자치도 그리고 강원특별자치도가 4% 초반으로 나타났다. 즉, 17개 광역지자체 중 공공질서 및 안전분야 세출예산액은 경기도가 가장 크지만, 세출예산액 비율은 세종특별자치시가 가장 높은 것으로 볼 수 있다.

만약, 위의 예산들이 어떤 분야에 투자되고 있는지 상세 내용을 알고 싶다면, 세출결산서에 정책사업을 찾아보면 될 것이다. 예를 들어, 서울특별시의 2022년 기준 세출결산서에 정책사업을 보면 안전총괄과에서 '사람 중심의 안전하고 튼튼한 안심도시 서울 구현'을 전략목표로 안전취약가구 안전점검, 시민안전보험 지급, 자동차전용도로 방호울타리 정비 등의 세부사업에 예산을 사용하였다. 세출결산서를 읽어보면 내가 사는 지역에서는 재난안전 분야에 예산을 얼마나 사용하는지, 재난안전 분야에서도 안전취약계층 지원, 교통시설 정비 등과 같이 어떤 부분에 더 중점을 두어 관리하는지 파악할 수 있다. 더 나아가서는 해당 지자체의 안전정책이 중점적으로 추구하는 바가 무엇인지도 알 수 있다. 관련하여 행정안전부에서는 「재난 및 안전관리 기본법」 제10조의2 (재난 및 안전관리 사업예산의 사전협의 등)에 따라 '재난안전예산 사전협의 제도'를 운영하고 있다. 즉, 지자체가 재난 및 안전관리 사업의 투자방향, 투자우선순위 등을 선정하도록 지원하는 것을 목적으로 하며, 지자체에서는 이 제도를 활용하여 재난안전분야의 사업을 계획하고 수행하고 있다.

지금까지 지자체 재난안전 관리수준이나 그 역량에 대해 누구나 쉽게 찾아볼 수 있는 제도인 '지역안전지수', 그리고 '지자체 안전예산'에 대해 아주 간단하게 소개하였다. 이를 통해 각 지자체별 안전수준 및 관리역량의 과거와 현재를 분석하고, 적정한 재난안전사업을 발굴하여 우리의 안전하고 행복한 미래를 도모할 수 있을 것이다.

미세먼지와 코로나-19의 위험한 동행

문수호_(재)다산지역발전연구원 원장

2023년은 미세먼지 연구자로서의 경험은 유쾌하지 않았다. 팔순 노모의 건강검진 결과, 당신의 폐는 엷은 노란색으로 침착되어 있었다. 나이 든 의사는 오랜 세월의 흔적이라며 그 시대 분이시면 다 그럴 거라 진단하셨다. 나름 큰 병으로 진화되지 않아 다행스러웠지만 다시 보고 싶지 않은 경험이었다. 여기서 오랜 세월의 흔적이란 난방, 취사, 간접흡연 등 실내 대기오염물질과의 장기적인 접촉을 말하는 것이며, 저는 이것을 생활성 진폐증이라 해석하였다.

최근까지 COVID-19 팬데믹은 우리의 일상을 다각도로 변화시켰다. 많은 사람들의 생명을 빼앗아 갔고, 국경이 통제되고 물류 이동이 제한되면서 경제적으로 큰 피해를 일으키기도 하였다. 감염은 인구밀도가 높은 도시를 중심으로 빠르게 확산 되었으나, 사망률은 도시별로 차이를 보였다. 도시는 삶의 질을 높일 수 있는 많은 기회가 있는 곳이지만, 대기오염이나 전염병이라는 측면에서는 위험이 큰 곳이기도 하다. 전세계적으로 한국은 높은 수준의 대기오염이 있는 지역이다. 특히, 미세먼지는 환경 및 건강에 심각한 위험을 초래할 수 있기 때문에 세계보건기구(WHO)는 이에 대한 권고 수준을 강화해 나가고 있다. 국내 연구에 의하면 미세먼지는 인체에 유해한 영향을 끼쳐 심혈관 질환 및 호흡기나 폐 관련 질환 등으로 인한 사망 위험도를 증가시킨다.

2024년 10월 현재 미세먼지(매년 봄철 고농도 시기)와 COVID-19(2020년 1월~2023년 4월 주된 활약 시기)는 과거 몇 년 이상 펜데믹을 주었지만 지금은 나름 잊혀진 존재인 듯하다. 사람들이 잘 잊고 지내서(아픔을 빨리 잊어버리는 것이 좋지만) 다행이지만 가까운 미래에 새로운 펜데믹이 올 수 있음도 경험을 통해 알고 있다.

근래에 많은 평범한 일상을 앗아 갔던 미세먼지와 COVID-19 등이 새로운 대기오염물질이나 바이러스로 동시에 창궐한다면 우리는 더 많은 혹독한 대가를 치를 것으로 예상된다. 이에 대한 대비가 현재 충분한지는 모르겠지만 디스토피아가 되지 않도록 좀 더 촘촘한 예방대책이 필요하다고 본다.

지금부터는 미세먼지, 기후변화, COVID-19, 미세먼지와 COVID-19의 만남에 대해서 간략히 살펴보도록 하겠다.

미세먼지

국내·외의 노력으로 인하여 최근 국내 미세먼지 농도는 몇 년 전에 비하여 감소하는 추세에 있다. 그러나 여전히 WHO의 가이드라인 기준 이하로는 국내 미세먼지의 오염 수준이 개선되지 않았고, COVID-19로부터 회복되는 과정에서 국내·외 대기오염 물질 배출량이 다시 변동될 가능성이 있기 때문에, 변화하는 정세에 맞추어 미세먼지 노출로 인한 건강 영향을 개선하기 위하여 관련 대응 정책을 지속적으로 보완할 필요가 있다. 더불어, 미세먼지의 건강 영향을 개선하기 위한 직접적 대응으로는 미세먼지 발생 원인의 제거, 배출량 통제와 같은 저감 관련 방안을 마련하는 방법이 있으나, 간접적 대응으로써 대기오염에 대한 적응 역량을 키우고 건강 위험을 최소화하기 위한 보건의료 정책 방안을 마련하는 방법이 있다.

초미세먼지의 유해성을 살펴보면, 세계보건기구 보고서에 언급된 우리나라 대기오염에 의한 조기 사망자 수는 2017년을 기준으로 17,300명이었다. 이 수치를 우리나라 인구 백만 명당 조기 사망자 수로 환산해 보면 346명(10만 명 기준으로는 34.6명) 정도가 된다. 우리나라 환경부 보고서에서는 대기오염에 의한 연간 조기 사망자 수를 2015년 기준 12,900명 정도로 보고하고 있고, 이는 인구 백만 명당으로는 258명이 되는 수치다. 조기 사망자 숫자에 이렇듯 차이가 존재하는 이유는 이런 종류의 보건-환경 통계 자료 생산에 꽤 큰 불확실성이 있다는 의미도 된다. 이들 숫자는 '대기오염'에 의한 조기사암자 수치이지, '초미세먼지'에 의한 조기 사망자 수치는 아니라는 점이다. 초미세먼지로 인한 조기 사망자 숫자는 대략 우리나라 현 상황에서 대기오염 사망자 수의 90~92% 정도를 차지하고 있다고 알려져 있다. 나머지 8~10% 사망원인에는 오존에 의한 사망 등 다른 다양한 원인들이 포함된다.

송철한 교수가 제기한 즐겁지 않은 얘기를 하면, 법정스님의 폐암으로 인한 사망원인은 산지의 개간과 난방, 취사 등으로 인하여, 특히 나무 난방과 나무 취사는 비단 고독성의 초미세먼지만을 배출하는 것뿐만 아니라, 고독성 기체 인체 유해물질들(휘발성 유기화학물질인 포름알데하이드와 벤젠, 아크롤레인, 아세트알데하이드, 그리고 벤조피렌, 시안화수소도 같은 물질들이 모두 포함)의 다량 배출로 그 원인을 제기하였다. 건강한 산사에 사시는 분의 사망 원인이 폐암이라니, 결국 나의 노모처럼 생활상 진폐증이 원인인 것이다. 또한 저개발국가들 및 개발도상국들에서 실내 난방 및 실내 취사를 위해 말똥과 같은 동물의 배설물들을 많이 연소하는데, 이런 고체 연료의 실내연소는 해당 국가 국민 조기사망의 가장 큰 원인이 되고 있기도 하다. 더불어, 국내는 실내 난방을 위한 화목난로 사용과 열 생산을 위한 나무 펠릿 연소 등이 계속적으로 증가 추세인데 국내 정책은 아직 재생에너지(바이오매스)의 카테고리에 넣어 관리를 하고 있어 이에 대한 개선도 필요할 것으로 보인다.

기후변화

바이러스나 감염병 외에 외에도 기후변화도 우리 건강에 큰 영향을 미친다. 직접적 영향과 간접적 영향으로 나눠볼 수 있는데, 간접적인 영향이 훨씬 폭이 넓고 건강을 많이 해치게 된다. 먼저 직접적인 영향으로는 일사병, 열사병과 같이 고온으로 인한 건강 영향이 있다. 2024년 무더위가 기승을 부리면서 열사병으로 인한 사망이 많았다. 특히 연세가 높거나 기저질환이 있는 분들이 더 위험하다. 또 한가지, 초대형 홍수나 가뭄, 해일 등 극단적인 이상기후로 인한 피해가 증가하고 있다. 직접적인 피해가 비교적 알기 쉽다면, 간접적인 영향은 훨씬 범위가 넓고 복잡하다. 먼저 많이들 알고 계실 대기오염으로 인한 피해가 있다. 이 미세먼지의 원인과 기후변화의 원인이 굉장히 많이 겹친다. 온실가스의 배출원이 미세먼지 배출원과 거의 겹치기 때문이다. 또 수질오염으로 인한 감염병 확산도 간접적 영향에 들어간다. 더 나아가, 기후변화로 먹거리 체계가 위협받게 된다. 현재도 기후변화로 인해 곡물 생산량이 전 세계적으로 줄어들고 있고, 질 자체에도 문제가 발생하고 있다. 식중독 역시 증가하고 있다.

이 모든 문제들이 일어나면서 사회적인 갈등이나 인프라를 위협하는 문제 역시 증가하게 된다. 연구에 따르면 아프리카 지역의 분쟁이나 대규모 이주 같은 문제들이 사실 기후변화와 연관되어 있다. 대규모 이주나 분쟁은 큰 규모로 사람들의 목숨을 빼앗거나 질병, 장애를 얻게 만든다. 그런 나라들은 의료 인프라도 훼손되고 그로 인한 피해도 상당하다. 직접적인 영향보다 훨씬 더 심각하게 사람들의 건강과 생명까지 위협하고 있다. 전문가들은 현재 인류가 처한 가장 큰 건강 위기 중 하나로 기후변화를 꼽고 있다.

코로나-19

국내 질병관리청 감염병포털에서는 '20년 1월 20일부터 '23년 8월 30일까지 총 확진자 수는 34,572,554명, 사망자는 35,605명으로 보고하였다. 2024년 여름 신종 코로나바이러스 감염증(COVID-19) 유행이 감소세를 보이면서 정부는 정점이 지났다고 판단했지만 추석 연휴 동안 가족, 친지와의 밀접 접촉과 국내외 여행 등에서 일상생활로 복귀함과 동시에 환절기, 겨울 유행 패턴이 겹치면서 재확산에 대한 긴장을 늦출 수가 없다고 보도하였다.

실제 COVID-19 감염 및 전파 문제에 있어서는 떠다니는 작은 비말을 직접 호흡함에 의한 감염도 중요하지만, 큰 COVID-19 비말들이 중력에 의해 낙하해서 책상이나 의자 표면, 문고리 등에 떨어지고, 이를 다른 사람들이 손으로 접촉한 후, 그 손으로 본인의 코, 입, 눈 주변을 비비고 만지는 행동으로도 COVID-19 바이러스 감염이 전파되는 것으로 알려져 있다. 그래서 손 씻기와 손 소독이 COVID-19 감염병 예방에서는 매우 중요한 예방책이 되는 것이다.

그리고 국내 COVID-19 방역 중 도로나 건물 주변, 빌딩 내와 지하철 역사 등에 뿌려지는 소독약도 문제인데, 이 물과 섞여 액체 상태로 분무되는 소독약 분무(噴霧) 또한 에어로졸이다. 그리고 이 분무 과정도 분무기를 통한 에어로졸의 '기계적 발생' 과정이 되므로, 당연히 조대입자가 주로 발생된다. 하지만 지름 2.5㎛ 이하의 작은 크기 에어로졸도 확률적으로 일정 비율 분무 내에 존재할 수 있다. 이 2.5㎛보다 작은 살균제라는 독성 화학물질이 포함된 에어로졸은 당연히 호흡을 통해 초미세먼지처럼 사람들의 폐까지도 침입할 수가 있어 이에 대한 대처도 필요할 것이다.

미세먼지와 코로나-19의 만남

COVID-19 감염자의 사망률은 진단검사와 치료 방식, 규모에 따라 나라별로 들쑥날쑥하다. 적극적 진단검사와 격리 조처가 진행되는 나라에선 중증으로 진행되기 이전에 치료를 받는 덕분에 사망률이 낮다. 반면 진단검사를 소극적으로 실시하고 의료체계도 부실한 나라에선 치사율이 높게 나온다. 전자에 속하는 한국과 독일은 COVID-19의 치사율이 2%가 안 되지만, 후자에 속하는 이탈리아에선 그 비율이 10%가 훨씬 넘는다. 만성 염증을 유발시켜 건강을 악화시키는 대표적 환경요인 가운데 하나인 대기오염도 COVID-19 사망률에 영향을 미치는 요인일까? 대기오염과 COVID-19 사망률의 높은 상관관계를 규명하는 논문이 잇따라 나왔다. 미국 하버드대 보건대학원 연구진은 의학분야 사전출판 온라인 논문집 〈메드아카이브〉에 발표한 내용은 장기간 대기오염이 심했던 지역의 COVID－19 감염자 사망률이 훨씬 높다는 분석 결과를 내놓았다. 이는 COVID－19에 감염됐을 경우 사망 위험을 높이는 기저질환의 대다수가 대기오염의 영향을 받는 것들이기 때문이라고 추정했다.

또한, 이탈리아 시에나대와 덴마크 오후스대 공동연구진은 온라인 공개학술지 〈환경오염〉(Environmental Pollution)에 발표한 논문에서 "이 지역에 거주하는 노인들은 장기간 대기오염에 노출되면서 호흡기 섬모와 상부기도의 방어력이 약해졌을 것이며, 이로 인해 바이러스가 더 쉽게 기도 깊숙한 곳까지 침투했을 것"이라고 추정했다. 결국 "장기간에 걸쳐 초미세먼지 노출이 약간만 증가하더라도 COVID－19 감염시 사망률은 크게 증가할 수 있다"라 판단되며 주의를 요한다는 얘기이며, COVID－19가 확산 시기 및 물론 이후에도 대기오염 규제를 계속 강화하는 것이 중요하다는 점을 일깨워준다. 생활적으로는 바깥 날씨가 덥건 춥건 간에 COVID－19의 사람 간 전파는 온전히 사람의 행동에 달렸다는 것을 보여주었다. "COVID－19 확산에 날씨 영향은 아주 작은 것으로 나타났고, 이동량과 같은 다른 요소들이 날씨보다 영향력이 훨씬 컸다"며 "상대적 중요도 순서에서 날씨는 가장 마지막 자리에 위치한다"고 말했다.

대기오염 노출에 더해 중위소득, 흑인 거주 비율, 주택 소유 여부 등도 COVID－19 사망의 예측변수들로 분석했는데, 카운티의 흑인 비율이 14.1% 증가하면 사망률은 49% 증가하는 것으로 사회, 경제, 문화적인 특징도 영향을 미치는 것으로 나타났다.

김호정 서울대 논문 분석 결과, 미세먼지에 대한 노출은 COVID-19로 인한 사망률과 치명률에 통계적으로 유의한 양의 관계가 있는 것으로 나타났다. 이는 미세먼지와 초미세먼지 농도가 증가할수록 COVID-19 감염으로 인한 사망자 수가 높아진다는 것을 뜻한다. 그 외에도 만 명당 요양병원 병상수, 고령화 비율, 인구밀도도 통계적으로 유의한 양의 관계로 나타났고, 만 명당 종합병원 수, 백신 2차 접종률, 인당 급여는 통계적으로 유의한 음의 관계로 확인되었다.

결론적으로, COVID-19 팬데믹에 대한 환경적 관점의 교훈은 대기오염과 기후변화를 모두 유발하는 인위적 배출을 줄이기 위한 효과적인 정책 모색을 가속화해야 한다는 것이다. 전염병은 인구의 예방 접종 또는 인구의 광범위한 감염을 통한 집단 면역으로 끝난다. 그러나 나쁜 대기질과 기후변화에 대한 백신은 없다. 해결책은 배출량을 줄이는 것이다. 깨끗하고 재생가능한 에너지원을 사용하는 녹색 경제로의 전환은 대기질 개선을 통해 지역적으로, 그리고 기후변화를 제한함으로써 환경 및 공중 보건을 증진해야 할 것이다. 또한 COVID-19와 유사한 장래 팬데믹에 대응하기 위해서는 미세먼지 등 대기오염 관리 정책에 대해 면밀히 살펴보고, 효과적이고 신속한 대응을 위해서는 기술, 사회, 경제, 문화, 거버넌스 등 종합적이고 장기적 계획뿐만 아니라 단기적인 전략도 추진해야 한다. 이를 통해, 질병과 환경으로부터 오는 위기를 극복할 수 있을 것으로 판단된다.

PART 8

기술과 지속가능성: 미래를 위한 혁신

환경과 AI
: 인공지능을 이용한 환경관리와 기후변화 대응

김철민_성결대학교 교수

2022년 챗지피티(ChatGPT)의 등장은 인공지능 기술의 대중화에 커다란 전환점이 되었다. 이를 계기로 일반 대중은 일상생활에서 AI의 실용적 가치와 잠재력을 직접 체감하게 되었으며, 산업화로 인한 기후변화의 불확실성에 직면해 있던 환경 분야에서도 인공지능을 활용한 혁신적인 문제해결 방안이 활발히 모색되기 시작하였다.

구체적으로 머신러닝, 딥러닝, 빅데이터 분석과 같은 첨단 인공지능 기술은 환경과학의 패러다임을 근본적으로 변화시키고 있다. 인공지능은 인간의 인지 범위를 넘어서는 방대한 데이터에서 기존에 포착하지 못했던 패턴과 추세를 발견하여, 기후변화와 그 영향을 보다 정확하게 예측할 수 있게 한다. 이러한 기술은 기상 패턴, 해수면 상승, 산불 확산 등의 예측에서 탁월한 정확도를 보이며, 재난 대비와 대응을 위한 중요한 정보로 활용되고 있다.

환경정책 수립 과정에 인공지능을 접목하는 것은 기후변화 대응을 위한 보다 지속 가능하고 효과적인 체계로의 진화를 의미한다. 본 연구에서는 환경관리 분야에서 인공지능이 수행할 수 있는 다양한 역할을 고찰하고, 미래 세대를 위한 지구 환경 보전에 있어 인공지능이 제시하는 혁신적 변화의 가능성을 탐구하고자 한다.

환경관리 분야에서 가장 주목할 만한 인공지능의 역할은 기후 모니터링과 예측 능력의 혁신적 향상이다. 최첨단 인공지능 모델은 인공위성, 사물인터넷(Internet of Things), 지상 관측소에서 수집되는 방대한 데이터를 실시간으로 처리하여 대기 조건, 해수 온도, 토지 이용 변화를 정밀하게 분석한다. 이를 통해 구축된 기후 모형은 정책 입안자와 연구자들에게 기후변화의 부정적 영향을 완화할 수 있는 효과적인 전략 수립을 위한 필수적인 정보를 제공한다.

기후변화 대응을 위한 인공지능 기술의 발전은 글로벌 차원에서 활발히 이루어지고 있다. 2019년 설립된 CCAI(Climate Change AI)는 전 세계 AI 연구자와 환경 전문가들이 협력하는 대표적인 글로벌 커뮤니티로, 연구 협력 촉진, 정책 제안, 교육 프로그램 운영을 통해 인공지능 기술의 실질적 기여를 도모하고 있다. 주목할 만한 혁신 사례는 엔비디아의 'Earth-2' 기후 디지털 트윈(Digital Twin) 시스템이다. 이는 기후변화로 인한 경제적 손실을 최소화하기 위해 설계된 인공지능 클라우드 플랫폼으로, 물리적 지구환경을 가상공간에 정밀하게 구현하여 실시간 시뮬레이션과 분석을 수행한다. Earth-2의 핵심 기술인 'CorrDiff'는 지구의 기후를 고해상도로 시뮬레이션하고 시각화하여, 전 세계 기후 데이터를 더욱 빠르고 정확하게 예측할 수 있게 한다. 이러한 기술의 실제 적용 사례로, 대만 중앙기상국(CWA)은 2024년 3월부터 Earth-2 시스템을 도입하여 태풍 진로 예측과 재난 대비 개선에 활용하고 있다. 이는 기후변화라는 인류의 중대한 도전 과제에 대한 혁신적인 대응 방안을

그림 1 밀렵꾼 감시를 위한 인공지능 드론

출처: NVIDIA Blog(2017)

그림 2 태풍진로 예측 인공지능 모델

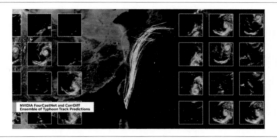

출처: 주간경향(2024, Aug. 16)

보여주는 사례다. 다만, 이러한 기술 혁신만으로는 기후변화 문제의 완전한 해결이 어려우며, 사회, 경제, 정책 등 다각적인 접근이 함께 이루어져야 할 것이다.

딥러닝 기술을 활용한 환경 모니터링 시스템은 생태계 변화를 실시간으로 감지하고 분석하는 데 광범위하게 활용되고 있다. 특히 위성 이미지 분석을 통해 야생동물의 서식 지역을 자동으로 식별하고, 드론과 인공지능 카메라를 결합하여 멸종위기 동물의 개체 수를 추적하는 데 효과적이다. 미국 보스턴의 스타트업 뉴랄라(Neurala)는 인공지능 드론으로 야생동물을 식별하고 추적하는 혁신적인 시스템을 개발했다. 이 시스템은 엔비디아의 인공지능 칩을 탑재하여 카메라에 촬영된 동물과 밀렵꾼을 실시간으로 구분하여 인식할 수 있다. 적외선 기술을 활용하기 때문에 야간에도 멸종위기 동물의 서식지에서 효과적인 모니터링이 가능하다. 이러한 첨단 기술은 환경 보호 활동가들이 야생동물 보호, 서식지 관리, 보호 정책 시행 등에 대해 보다 정확한 결정을 내리고 신속하게 대응할 수 있는 과학적 근거를 제공한다.

　　인공지능 기술은 환경오염 관리와 폐기물 처리 분야에서도 혁신적인 변화를 이끌고 있다. 인공지능은 다양한 데이터 소스를 통합 분석하여 오염 핫스팟을 식별하고, 대기 및 수질 오염의 잠재적 발생을 예측함으로써 선제적 대응을 가능하게 한다. 특히 도시 환경에서 인공지능 기반 센서 네트워크는 실시간으로 대기질을 모니터링하고, 교통 패턴과 기상 조건을 고려하여 미세먼지 농도 변화를 예측한다. 폐기물 관리 분야에서는 인공지능 기반 로봇과 자동화된 분류 시스템이 재활용 프로세스를 혁신적으로 개선하고 있다. 컴퓨터 비전과 딥러닝 기술을 활용한 스마트 분리수거 시스템은 다양한 재질의 폐기물을 정확하게 식별하고 분류하여, 재활용률을 높이고 매립 폐기물을 감소시키는 데 기여한다. 예를 들어, 미국의 AMP 로보틱스는 인공지능 기반 로봇 시스템으로 시간당 최대 80개의 품목을 분류할 수 있는 기술을 개발하여 재활용 처리 효율을 크게 향상시켰다. 수질 관리 분야에서도 AI는 중요한 역할을 수행하고 있다. 인공지능 기반 수질 모니터링 시스템은 수온, pH, 용존 산소량 등 다양한 수질 지표를 실시간으로 분석하여 수질 오염을 조기에 감지하고, 오염원을 추적하는 데 활용된다. IBM의 워터워치(WaterWatch) 같은 인공지능 플랫폼은 위성 데이터와 IoT 센서를 결합하여 수자원의 효율적 관리와 수질 오염 예방에 기여하고 있다. 이러한 인공지능 기술의 활용은 도시 환경의 질적 향상뿐만 아니라, 생태계 보호와 공중보건

증진에도 크게 기여하고 있다. 특히 실시간 모니터링과 예측 기반의 선제적 대응은 환경 문제로 인한 사회적 비용을 크게 줄일 수 있는 잠재력을 보여주고 있다.

인공지능은 재생에너지 최적화에도 큰 역할을 하고 있다. 머신러닝 알고리즘은 기상 조건과 전력 수요를 분석하여 태양광과 풍력 발전의 효율을 극대화하고, 스마트 그리드 시스템을 통해 에너지 분배를 최적화한다. 구글의 딥마인드가 개발한 인공지능 시스템은 데이터센터의 에너지 사용량을 40%까지 절감하는 성과를 보여주었으며, 이러한 기술은 산업 전반의 에너지 효율화에 적용되고 있다. 또한 인공지능은 도시 환경관리에도 혁신을 가져오고 있다. 스마트 센서와 인공지능을 결합한 시스템은 도시의 대기질, 소음 수준, 교통 흐름을 모니터링하여 실시간으로 환경오염을 관리한다. 예를 들어, 바르셀로나는 인공지능 기반의 스마트 물관리 시스템을 도입하여 연간 물 소비량을 25% 절감했으며, 싱가포르는 인공지능 기술을 활용한 통합 도시 관제 시스템으로 에너지 효율과 시민의 삶의 질을 동시에 향상시키고 있다. 국내에서도 경기도 고양시와 화성시 등 일부 자치단체를 중심으로 인공지능 영상관제 시스템 도입 교통 관리, 재난 대응, 범죄 예방 AI로 실시간 가능하도록 대응하고 있다. 이러한 사례들은 AI가 환경관리 분야에서 단순한 보조 도구를 넘어 혁신적인 문제 해결사로 자리잡고 있음을 보여준다. 특히 실시간 데이터 수집과 분석, 정확한 예측 모델 구축, 효율적인 자원 관리 등에서 AI의 활용은 지속가능한 환경 보전을 위한 새로운 가능성을 제시하고 있다.

환경관리를 위한 인공지능 활용은 큰 잠재력과 함께 중요한 도전 과제들을 제시하고 있다. AI 기술의 개발과 운영에 필요한 에너지 소비

그림 3 화성시의 AI 영상관제 시스템

출처: AI타임스(2024, Nov. 20)

그림 4 자원 재활용 분류 인공지능 로봇

출처: AMP Robotics(2023)

가 새로운 탄소 발자국을 만들어내고 있으며, 인공지능 알고리즘의 투명성과 책임성 확보도 시급한 과제로 대두되고 있다. 그러나 인공지능은 단순한 기술적 해결책을 넘어 환경 보호를 위한 사회적 혁신을 이끄는 촉매제로 작용하고 있다. 개인화된 환경 정보 제공과 맞춤형 실천 방안 제시는 시민들의 환경 인식을 높이고, 소셜 미디어 플랫폼을 통한 환경 캠페인은 그 효과를 증폭시키고 있다. 특히 환경 정책 결정과 거버넌스 측면에서 인공지능의 역할이 더욱 중요해지고 있다. 인공지능은 정확한 환경 데이터 분석과 미래 시나리오 시뮬레이션을 통해 효과적인 정책 수립과 이행을 지원하며, 이는 환경 보호와 사회경제적 발전의 균형적 달성을 가능케 한다.

인공지능의 성공적인 환경 분야 적용을 위해서는 정부, 기업, 학계, 시민사회가 참여하는 협력적 접근이 필수적이다. 모든 이해관계자는 지속가능성을 우선시하고, 혁신을 촉진하며, 포용적 성장을 지향하는 기술 개발에 투자해야 한다. 이 과정에서 기술 혁신과 윤리적 고려의 균형은 필수적이다. 현대 환경정책에서 인공지능의 통합은 더 이상 선택이 아닌 필수가 되었다. AI의 잠재력을 환경 보존에 효과적으로 활용함으로써, 우리는 더 건강한 지구와 미래 세대를 위한 지속가능한 환경을 구축할 수 있을 것이다.

에너지 전환과 인공지능 혁명
: 지속 가능한 미래를 위한 도전과 기회

권재원_아주대학교 특임교수

　인류는 지금 두 가지 거대한 변화를 마주하고 있다. 하나는 기후변화라는 전 지구적 위기로 인한 재생에너지로의 전환이고, 다른 하나는 인공지능(AI) 기술의 혁신적 발전이다. 특히 주목할 점은 이 두 가지 변화가 서로 상반된 방향으로 작용한다는 것이다. 기후변화는 우리에게 에너지 사용을 줄이고 친환경 에너지로 전환할 것을 요구하지만, AI의 발전은 오히려 더 많은 에너지를 필요로 한다.

　전통적인 화석연료 기반의 에너지 시스템은 기후변화의 주요 원인으로 지목되어 왔으며, 이로 인해 온실가스 배출을 줄이고 친환경적인 에너지 시스템으로 전환하는 것이 필수적인 상황이다. 동시에 AI와 데이터 기술이 발전하면서 데이터센터의 전력 수요는 기하급수적으로 증가하고 있다. 이러한 상황에서 지속 가능한 발전을 위해서는 두 가지 과제를 동시에 해결해야 한다. 이 글에서는 에너지 전환의 필요성과 AI 기술의 발전이 불러올 변화, 그리고 지속 가능한 미래를 위한 도전과 기회를 다루고자 한다.

에너지 전환이 불러올 사회적 변화와 도전

기후변화는 이미 우리의 일상생활에 심각한 영향을 미치고 있다. 폭염, 가뭄, 해수면 상승으로 인한 피해가 증가하고 있으며, 농작물 수확량 감소와 같은 직접적인 피해도 발생하고 있다. 국제에너지기구(IEA)의 분석에 따르면, 전 세계 온실가스 배출량의 73%가 에너지 분야에서 발생하며, 이 중 전력 및 열 생산이 31%로 가장 큰 비중을 차지한다. 석탄과 석유 등의 화석연료에 기반한 기존의 에너지시스템은 오랜 기간 인류의 산업 발전을 이끌어왔다. 하지만 이제는 지속 가능한 발전을 위해 온실가스 배출이 거의 없는 청정에너지원으로 전환해야 한다. 태양광 및 풍력과 같은 재생에너지는 무한하고 온실가스를 배출하지 않으며, 최근의 기술 발전으로 경제성도 크게 개선되었다.

블룸버그(BNEF)의 2024년 보고서에 따르면, 태양광 발전의 균등화 발전비용(LCOE)이 kWh당 46센트, 육상풍력이 45센트까지 하락했다. 이는 신규 석탄발전(65-159센트)이나 가스발전(50-175센트)보다 훨씬 경제적인 수준으로, 재생에너지의 경쟁력이 크게 향상되었음을 보여준다.

에너지 전환은 단순한 기술적 변화를 넘어 경제와 사회 전반에 걸친 구조적 변화를 수반한다. 화석연료 산업에서 재생에너지 산업으로 전환되면서 새로운 일자리와 경제적 기회가 창출될 수 있지만, 동시에 일부 산업의 쇠퇴와 직업 전환이 필요해진다. 국제재생에너지기구(IRENA)에 따르면, 2023년 기준 전 세계 재생에너지 분야 일자리는 약1,290만 개에 달하며, 2030년까지 3,000만 개 이상으로 증가할 전망이다. 반면, 화석연료 산업의 쇠퇴는 기존 일자리의 감소로 이어져 사회적 문제가 될 수 있다.

또한 재생에너지 전환을 위해서는 대규모 초기 투자가 필요하다. 세계에너지기구(IEA)는 2050년까지 탄소중립을 달성하려면 매년 4조 달러 이상의 청정에너지 투자가 필요할 것으로 본다. 이는 현재 투자액의 3배가 넘는 규모이다. 이러한 전환에 따른 경제적 부담과 도전을 해결하기 위해서는 정부의 정책적 지원과 기업의 기술 혁신, 시민사회의 협력이 필수적이다.

AI 혁명과 에너지 수요의 변화
: 친환경 데이터센터 구축의 필요성

AI 기술의 급속한 발전은 방대한 데이터 처리와 연산 능력을 요구하며, 데이터센터의 전력 수요를 급격히 증가시키고 있다. 2023년 기준 전 세계 데이터센터의 전력 소비량은 460TWh로, 이는 프랑스 전체의 전력소비량과 맞먹는 수준이다. 특히 ChatGPT와 같은 대규모 언어 모델의 등장으로 데이터센터의 에너지 수요는 더욱 가파르게 증가하고 있다. 한 번의 AI 채팅이 평균적으로 가정집 하루 전기사용량과 맞먹으며, 대형 AI 모델의 학습에는 약 500가구가 1년 동안 사용하는 전력량이 필요하다. 모건 스탠리의 예측에 따르면, 2027년까지 데이터센터의 전력 수요는 2022년 대비 5배로 증가할 수 있다.

현대의 대형 클라우드 데이터센터는 한 건물당 20MW 이상의 전력을 소비하며, 서버랙당 전력 소비량도 7kW 이상에 달한다. 이는 기존 인터넷 데이터센터(IDC)의 전력 소비량을 5배 이상 상회하는 수준으로, 급증하는 데이터센터의 전력 수요는 기존 전력망에 큰 부담을 주고 있다. 특히 우리나라의 경우 이러한 현상이 더욱 심각하여, 2024년 현재 데이터센터의 60%가 수도권에 집중되어 있으며, 이 비율은 2029년까지 80%대로 확대될 전망이다. 2029년까지 신청된 수도권 지역 신규 데이터센터 550개소 중 단 11%만이 적기 전력 공급이 가능한 상황이다. 이러한 상황에서 최근에 대두되는 AI 데이터센터는 건물당 전력 수요가 100~300MW에 달해 전력공급과 전력망 운영에 더더욱 큰 부담으로 작용할 것으로 예상된다. 이에 따라 수도권 지역에서 발생할 전력 수요 급증을 감당하기 위해 지방 이전을 촉진하는 정책적 대응이 필요하다.

이러한 맥락에서, 전력 소모가 큰 데이터센터의 에너지를 재생에너지로 전환하는 것은 필수적이다. 글로벌 IT기업들 사이에서는 필요한 전력의 100%를 재생에너지로 조달하자는 RE100 캠페인이 확산되고 있으며, 친환경 데이터센터 구축이 필수가 되었다. 실제로 글로벌 IT기업들은 이미 적극적으로 대응하여 상당수가 이미 RE100을 실현하고 있고, RE100 캠페인에 적극적으로 참여하고 있다. 구글은 2017년에 이미 RE100을 달성했으며, 2030년까지 24시간 연중무휴로 무탄소 전력을 사용하는 것을 목표로 하고 있다. 마이크로소프트는 2015년에 RE100을 달성했으며, 애플 역시 2018년에 RE100을 달성하고, 협력사들에게도 동참하여 2030년까지 RE100을 달성을 촉구하고 있다.

표 1 글로벌 데이터센터 기업들의RE100 추진 현황

회사명	RE100 가입연도	RE 100% 달성 연도	Renewable PPA (2010~2022, MW)		2021년 전력소비량 (TWh)	RE100 달성률
			태양광	풍력		
Google	2015	2017	3,960	4,591	18.3	100%
Microsoft	2015	2014	5,847	4,236	13	100%
Amazon	2014	2025	14,000	6,400	30.9	85%
Meta (ex-Facebook)	2016	2020	7,499	3,214	9.4	100%

글로벌 IT기업들은 급증하는 전력 수요에 대응하기 위해 분산형 친환경 데이터센터를 구축하고 있다. 이러한 데이터센터는 다음과 같은 세 가지 주요 장점을 제공한다.

첫째, 전력 수급 안정성이 크게 향상된다. 재생에너지 발전단지 인근에 데이터센터를 분산 배치함으로써 전력망 부하를 분산하고, 송전 손실을 최소화할 수 있다. 또한 에너지저장장치(ESS)를 활용하여 재생에너지의 간헐성 문제도 해결할 수 있다.

둘째, 운영 효율성이 제고된다. 최신 친환경 데이터센터는 전력사용효율(PUE)을 1.4 이하로 유지하여, 기존 데이터센터(PUE 2.0 이상)보다 훨씬 효율적으로 운영된다. 외기 냉각 시스템을 활용하여 냉각 비용을 절감하고, 모듈형 설계를 통해 확장성과 유연성도 확보할 수 있다.

셋째, 경제성이 개선된다. 재생에너지 장기 구매계약(PPA)을 통해 전력 요금을 안정화하고, RE100 인증과 탄소배출권 거래를 통해 추가 수익도 창출할 수 있다. 또한 지역 일자리 창출과 경제 활성화에도 기여한다.

실제 사례를 보면, 마이크로소프트가 2021년 스웨덴에 설립한 데이터센터는 이러한 장점들을 잘 보여준다. 이 시설은 100% 재생에너지를 사용하고, 빗물을 활용한 냉각 시스템과 바이오디젤 기반 비상발전기를 갖추고 있다. 또한 IoT 기술과 클라우드 컴퓨팅을 활용하여 전력 사용량을 실시간으로 모니터링하고, 인근 재생에너지 발전소의 발전량과 1:1로 매칭하여 관리하고 있다.

재생에너지 인프라 확충과 정책적 지원의 필요성

AI 혁명과 재생에너지 전환은 강력한 정책적 지원 없이는 실현되기 어렵다. 에너지 시장의 유연성을 높이고, 분산형 에너지와 재생에너지 지원을 강화하는 정책이 마련되어야 하며, 관련 법과 규제를 정비해야 한다. 또한, 재생에너지 전환으로 발생할 수 있는 사회적 불균형을 완화하기 위한 안전망과 보조 프로그램이 필요하다.

현재 한국은 세계에서 가장 높은 수준의 전력 인프라와 데이터센터 수요를 보유하고 있지만, 재생에너지 비율은 전체 전기에너지 공급의 9%에 불과한 실정이다. 더욱이 글로벌 IT기업들이 데이터센터 입지선정 시 재생에너지의 원활한 조달을 중요한 기준으로 삼고 있어, 국제 경쟁력 강화를 위해서도 재생에너지에 대한 제도적 지원이 시급하다.

정부는 재생에너지에 대한 법적 지원과 세제 혜택을 통해 기업의 재생에너지 전환을 촉진해야 한다. 전력망 현대화와 스마트 그리드 구축도 필수적이다. 기업은 AI 기반 에너지 관리 시스템을 통해 에너지 효율을 높이고, 적극적으로 장기 재생에너지 구매 계약(PPA) 도입 등을 통해 재생에너지 사용을 확대해야 한다. 이를 통해 정부와 기업은 협력하여 에너지 전환을 더욱 효율적으로 추진할 수 있다.

에너지 전환은 기술과 정책만으로 달성될 수 없다. 개인과 지역사회도 에너지 전환에 동참해야 한다. 각 가정에서는 에너지 효율이 높은 가전제품을 사용하고, 태양광 패널을 설치하는 등의 방식으로 에너지 절약에 기여할 수 있다. 지역사회 차원에서는 공동체 주도의 태양광 발전소와 같은 소규모 재생에너지 프로젝트를 통해 에너지 자립도를 높이고, 에너지 전환에 대한 책임 의식을 고취할 수 있다.

맺음말

에너지 전환과 AI 혁명은 우리가 직면한 과제인 동시에 지속 가능한 미래를 위한 기회이다. 데이터센터와 AI 기술은 앞으로도 우리의 생활을 혁신적으로 변화시킬 것이지만, 이를 위해서는 탄소중립을 위한 에너지 전환이 반드시 필요하다.

이러한 변화는 정부, 기업, 시민사회 모두의 협력이 있어야만 달성할 수 있다. 정부는 재생에너지 확대를 위한 제도적 기반을 마련하고, 기업은 기술 혁신을 통해 에너지 효율을 높이며, 시민사회는 에너지 절약과 재생에너지 도입에 적극적으로 참여해야 한다.

오늘날 우리가 내리는 선택과 실천이 다음 세대의 삶의 질을 결정할 것이다. 지속 가능한 발전과 기후위기 대응이라는 두 가지 목표를 동시에 달성하기 위해서는, 에너지 전환과 AI 혁명이라는 두 가지 변화를 현명하게 조화시켜 나가야 할 것이다.

생태전환시대, 섬의 환경관리

홍선기_국립목포대학교 교수

섬은 고유한 생태계와 문화적 특성을 지닌 공간으로, 자연환경과 인간 활동이 밀접하게 연결되어 있다. 그러나 최근 기후변화, 도시화, 세계화 등 다양한 외부적 요인들이 섬과 어촌에 큰 영향을 미치고 있으며, 이에 대한 적극적인 대응이 필요하다. 특히 섬 지역의 환경 관리는 기후변화에 따른 해수면 상승과 해양 생태계 변화로 인해 더욱 중요한 과제가 되고 있다.

첫째, 기후변화에 따른 해수면 상승과 해양 온도 상승은 섬 지역의 생태계에 직접적인 영향을 미치고 있다. 해수면 상승으로 인해 섬의 인프라가 침수될 위험이 있으며, 해양 온도의 상승은 해양 생물의 분포를 변화시키고, 어족 자원에 심각한 영향을 미치고 있다. 예를 들어, 해양 산성화로 인해 산호초 생태계가 붕괴되고 있으며, 이는 연안 어업과 섬 주민의 생업에 큰 타격을 주고 있다.

둘째, 해양 오염 문제는 섬과 어촌 지역의 환경 관리에서 중요한 이슈로 대두되고 있다. 특히 플라스틱 폐기물과 양식장에서 사용되는 스티로폼 부표가 주요 오염원으로 지적되고 있다. 플라스틱 폐기물은 해양 생태계를 훼손하고, 어류 서식지를 파괴하며, 어업 자원의 지속가능성을 저해하고 있다. 따라서 플라스틱 사용을 줄이고, 보다 친환경적인 어구를 사용하는 방안이 필요하다.

셋째, 섬 지역의 생태계 보전은 지속 가능한 어업과 밀접한 관계가 있다. 어족 자원의 안정적인 공급을 위해서는 해양보호구역(MPA)의 확대와 체계적인 관리가 필요하다. 또한, 기후변화로 인해 전통적인 어업 방식이 어려워짐에 따라, 스마트 양식 기술 등 새로운 기술을 도입하여 어업의 지속 가능성을 확보해야 한다. 이러한 기술들은 해양 생태계의 변화를 실시간으로 모니터링하고, 변화에 맞춰 양식 환경을 조정할 수 있는 능력을 제공한다.

넷째, 섬 주민의 환경 인식과 참여는 섬의 환경 관리에 중요한 요소이다. 지속 가능한 섬 환경 관리를 위해서는 주민들이 환경 문제에 대한 인식을 높이고, 지역 공동체가 주도적으로 환경 보호 활동에 참여해야 한다. 특히 섬 지역에서 발생하는 오폐수 관리와 같은 기본적인 환경 관리 시스템이 강화되어야 하며, 이를 통해 섬의 생태계가 오염되지 않도록 해야 한다.

기후변화와 해양 생태계 변화

기후변화는 섬의 환경에 중요한 영향을 미치고 있다. 특히, 해수면 상승과 해양 온도 상승은 섬 지역에 두드러진 변화를 일으키고 있다. 해수면이 상승하면 저지대에 위치한 섬 지역은 침수 위험이 커지며, 섬 주민들의 생활 기반이 위협받게 된다. 또한, 해양 온도 상승은 어족 자원과 생물다양성에 큰 영향을 미친다. 특히, 한국의 경우 해수 온도 상승으로 인해 전통적으로 주요 어종이었던 오징어, 명태 등이 급격히 감소하고 있으며, 이는 섬 주민들의 경제적 생존과 직결된다. 해양 산성화도 중요한 문제이다. 해양 산성화는 산호초 생태계의 붕괴를 초래하며, 이는 다양한 해양 생물들이 서식지를 잃게 되는 결과를 초래하게 된다. 산호초는 단순한 해양 생태계의 일부일 뿐만 아니라, 생물다양성을 유지하고 어족 자원의 번식을 돕는 중요한 역할을 한다. 이러한 변화는 섬의 경제 기반인 어업에 심각한 타격을 줄 수 있으며, 기후변화에 대한 적극적인 대응이 필수적이다. 섬과 어촌의 기후위기 대응은 주로 해양 생태계 보호와 인프라 개선을 중심으로 이루어져야 한다. 섬 인프라가 노후화된 경우, 방조제와 항구 시설이 해수면 상승과 태풍 같은 기후 재난에 취약해지며, 이러한 상황에서 섬 주민들은 생업과 안전을 위협받게 된다.

해양 오염 문제

섬 지역에서의 해양 오염은 주로 육지에서 발생한 오폐수가 바다로 유입되거나 양식장에서 사용하는 스티로폼 부표 등 비재생성 플라스틱 폐기물이 원인이다. 이 폐기물은 해양 생물들에게 직접적인 피해를 줄 뿐만 아니라, 미세플라스틱 오염으로 이어져 인간에게도 간접적인 피해를 미치고 있다. 특히, 한국 남해안과 서해안에서 플라스틱 부표와 같은 해양 폐기물이 주된 오염원으로 작용하고 있다. 남해에서 흔히 볼 수 있는 굴과 김 양식장에서는 수백만 개의 플라스틱 부표가 사용되고 있는데, 이들은 시간이 지남에 따라 파손되어 바다로 유출되며 해양 오염을 일으킨다. 따라서, 플라스틱 부표를 대체할 수 있는 친환경 재료의 사용이 절실하다. 정부 차원에서 어업 도구의 관리와 추적 시스템을 도입하고, 어구 사용에 대한 이력제를 시행하여 무분별한 어구 폐기를 방지하는 정책이 필요하다. 해양 오염 문제를 해결하기 위해서는 플라스틱 사용을 줄이고, 해양 오염을 유발하는 모든 요소를 체계적으로 관리할 필요가 있다. 또한 섬과 어촌에서 발생하는 생활 오폐수에 대한 관리도 철저히 이루어져야 하며, 주민들이 환경 보호에 대한 인식을 높이고 이에 참여하도록 하는 것이 중요하다.

해양 생태계 보존 및 지속 가능한 어업

섬의 경제는 주로 어업에 의존하고 있으며, 지속 가능한 어업을 위해서는 해양 생태계의 보전이 필수적이다. 그러나 기후변화와 해양 환경의 악화로 인해 어족 자원이 감소하고, 전통적인 어업 방식이 어려워지고 있다. 이 문제를 해결하기 위해서는 해양보호구역(Marine Protection Area: MPA)의 확대와 관리 강화가 필요하다. 해양 보호구역은 해양 생물들이 안전하게 서식하고 번식할 수 있는 환경을 제공하며, 이를 통해 어업 자원을 지속적으로 유지할 수 있다. 또한, 스마트 양식 기술의 도입은 어업의 지속가능성을 높이는 중요한 전략이다. 스마트 양식 기술은 인공지능과 자동화 시스템을 결합하여 어류 양식 환경을 최적화하고, 양식장에서 발생할 수 있는 해양 환경 문제를 실시간으로 감지하고 관리할 수 있게 한다. 이러한 기술은 전통적인 어업 방식의 한계를 극복하고, 기후변화로 인한 피해를 최소화하는 데 중요한 역할을 한다. 기후변화로 인한 어종의 변화도 어업에 영향을 미치고 있다. 해수 온도가 상승하면서 한반도 해역에 아열대 어종이 증가하고 있으며, 이에 따라 기존의 냉온대 어종을 중심으로 한 어업 방식이 변화해야 한다. 기존의 어종과 양식 방법을 유지하는 것보다는, 새로운 어종과 양식 기술을 도입하는 것이 필요하다.

섬 주민의 환경 인식과 참여

섬의 지속 가능한 환경 관리를 위해서는 섬 주민들의 적극적인 참여가 필수적이다. 주민들이 자신들이 살고 있는 섬의 환경 문제에 대한 인식을 높이고, 이를 해결하기 위한 공동체 차원의 노력이 필요하다. 섬 주민들은 전통적으로 바다와 섬의 자원을 활용해 왔으며, 이러한 전통 지식과 경험을 현대적인 환경 관리 방법과 결합하는 것이 중요하다. 특히, 관광업의 발전으로 섬 주민들이 경제적 혜택을 얻는 것은 긍정적이지만, 관광으로 인해 생기는 환경 오염과 자원 고갈 문제에 대해 대비가 필요하다. 섬 지역의 환경 수용력을 고려하지 않고 과도한 관광이 이루어지면, 섬의 생태계가 파괴되고 주민들의 생활 환경이 악화될 수 있다. 따라서 섬 주민들과 관광객 모두에게 환경 보호의 중요성을 알리고, 친환경 관광과 지속 가능한 자원 이용을 촉진해야 한다. 환경교육도 중요한 요소이다. 섬 주민들은 환경 문제를 스스로 해결할 수 있는 능력을 갖추기 위해 환경교육과 지속가능한 자원 이용에 대한 지식을 얻어야 한다. 또한, 지역 공동체가 주도하는 환경 보호 활동을 통해 섬의 생태계 보전과 환경 관리에 적극적으로 참여해야 한다.

결론

대한민국은 약 3,358개의 유·무인도로 구성된 다도국가로, 섬은 역사적으로 해양 영토의 보호와 수산물 공급지로서 중요한 역할을 해왔다. 그러나 섬과 어촌은 도시화와 기후변화에 따른 새로운 환경적 도전과 위협에 직면해 있다. 섬과 어촌 지역의 경제·사회 시스템은 글로벌 지속가능발전목표(SDGs)에 부합하지 못하고 있으며, 이를 극복하기 위해 새로운 정책과 전략이 요구된다. 기후 위기는 해수면 상승과 해수 온도 상승으로 인한 해양 생태계 변화와 어촌 산업의 취약성 문제를 야기하고 있다. 이로 인해 어업, 양식장, 그리고 섬 주민의 생업이 위협받고 있으며, 섬과 어촌 인프라의 개선과 기후위기에 대응할 수 있는 전략이 필요하다. 섬의 생태계는 자연자원과 어족 자원의 건강성에 크게 의존한다. 해양생태계 보호를 통해 어류 서식지 및 잠재적 어장을 보존하는 것이 필수적이다. 해수온도 상승으로 인한 해양 생물의 분포 변화가 관찰되고 있으며, 이를 대응하기 위해 스마트 양식 기술 및 해양보호구역(MPA) 확대가 요구된다. 섬과 어촌의 환경 보호는 섬 주민들의 생업과 직결된다. 플라스틱 폐기물과 양식장 부표의 관리가 미흡하여 해양 오염이 심각하며, 이로 인한 어족 자원의 감소와 생태계 파괴가 진행 중이다. 해양 오염을 줄이기 위한 제도적 장치와 인센티브 제공이 필요하다.

섬 지역의 고령화와 인구 감소로 인해 일부 유인도는 무인화되고 있다. 섬 주민의 생활 여건 개선과 경제적 활력 증진을 위해 주거 환경 개선, 생업 기반 확충, 청년 인력 유입 등의 정책이 필요하다. 특히 섬 주민들의 생업 기반인 어업의 지속가능성을 위해 현대적인 양식 기술 도입이 필수적이다. 섬과 어촌의 지속가능한 발전을 위해서는 환경적, 경제적, 사회문화적 전략이 통합되어야 한다. 기후위기에 적응하고 대응하기 위한 정책적 노력이 필요하며, 섬 주민의 생계와 섬 자원의 지속가능성을 보장하기 위해 정부와 지역사회가 협력해야 한다. 섬의 자생력을 강화하기 위해선 주민의 참여와 전통 지식의 유지, 섬 고유의 자원을 활용한 경제적 자립이 필수적이며, 섬과 어촌의 지속가능한 발전을 위한 체계적인 관리와 지원이 필요하다.

제언

섬의 지속가능성은 환경, 경제, 사회 세 가지 측면에서 균형 있게 관리되는 것이 중요하다. 섬은 고유한 생태계와 문화적 특성이 있지만, 기후변화, 해양 오염, 그리고 인구 감소 등의 문제로 지속 가능한 발전이 위협받고 있다. 지속가능성 개념을 기반으로 '지속가능한 섬' 모델을 제시하고자 한다.

환경적 지속가능성

섬의 생태계는 기후변화와 해양 오염에 의해 크게 위협받고 있다. 해수면 상승과 해양 온도 상승은 생물다양성과 어족 자원에 심각한 영향을 미치며, 해양 산성화로 인해 산호초 생태계가 파괴되고 있다. 이러한 변화는 섬 주민의 생업인 어업에 직접적인 타격을 주며, 지속가능한 어업을 위해서는 해양생태계 보호와 스마트 양식 기술의 도입이 필수적이다. 또한, 플라스틱 폐기물과 같은 해양 오염을 줄이고, 친환경 어구 사용을 촉진하는 노력이 필요하다.

경제적 지속가능성

섬 경제는 주로 어업과 관광업에 의존하고 있다. 어족 자원의 감소와 기후변화로 인한 해양 생태계의 변화는 어업에 큰 타격을 주고 있으며, 이를 극복하기 위해서는 기술 혁신과 어족 자원 관리가 필요하다. 동시에 섬 관광의 증가가 경제 활성화에 기여하고 있지만, 과도한 관광 개발은 섬의 생태계에 부정적인 영향을 미칠 수 있다. 따라서 섬 관광의 환경적 영향을 최소화하고, 지속가능한 생태관광 모델을 도입하는 것이 중요하다.

사회적 지속가능성

섬 주민들의 환경 인식과 참여는 섬의 지속 가능한 발전에 중요한 요소이다. 인구 감소와 고령화 문제를 해결하기 위해 청년 인구의 유입과 정주 여건 개선이 필요하며, 이를 통해 섬 지역의 경제와 공동체가 활성화될 수 있다. 주민들이 환경 보호 활동에 적극적으로 참여하고, 전통적인 생업과 전통생태지식을 활용해 기후변화와 같은 새로운 도전에 대응할 수 있도록 지원해야 한다.

결론적으로, 섬의 지속가능성은 기후변화에 대응하고, 해양생태계를 보호하며, 경제적·사회적 발전을 균형 있게 이루어가는 데 달려 있다. 이를 위해서는 정부, 지역사회, 그리고 주민들의 협력이 필수적이며, 환경적·경제적·사회적 지속가능성을 함께 고려한 포괄적인 관리가 필요하다.

댐 건설사업은 기후위기의 대안인가?

엄두용_환경과지역(주) 대표

    환경부는 2024년 7월 말 "기후위기로 인한 극한 홍수와 가뭄으로부터 국민의 생명을 지키고, 국가전략사업의 미래 용수수요에 대비하기 위하여 단양천댐 등 14곳에 '기후위기 대응(mitigation)댐'을 건설한다"고 발표하였다. 구체적으로는 14개의 댐을 건설하여 홍수를 방지하고 수자원을 확보해 총저수용량 3.2억톤, 연간 생활용수 2.5억톤을 공급한다는 계획이다. 댐 사업계획이 발표되자 건설 예정 지역의 찬반론뿐만 아니라, 관련 연구자들도 추진근거가 불명확하고, 효용성에도 문제가 있다고 지적하고 있다. 더욱이 이번 댐 추진계획은 제1차국가물관리기본계획(2021 – 2030)에 규정되어 있지도 않다. 절차상 추가로 댐을 건설하기 위해서는 그 타당성과 효과성을 검토, 승인해 국가물관리기본계획 수정안(2026)에 포함시켜야 한다.

    댐과 저수지는 홍수방지와 가뭄대책, 수력발전, 상수원 확보 등 국가 물관리와 물이용의 주요 대책으로 농업용수와 생활용수, 산업용수의 용수원으로 쓰인다. 게다가 댐으로 가동되는 수력발전과 양수발전은 재생에너지원으로서 탄소중립에 기여할 수 있다.

댐의 사전적 정의는 "하천이나 계곡 등을 횡단하여 축조된 구조물, 물을 저장하여 이용하고 관리하기 위해 저류시켜 이수 또는 치수의 목적으로 활용하기 위한 시설"이다. 댐은 사용 목적에 따라 크게 단일 목적 댐과 다목적 댐으로 나뉜다. 단일 목적 댐에는 각종 용수용 댐이나 홍수 조절용 댐인 한탄강댐(2016년 완공)이 있으며, 다목적 댐에는 치수, 발전, 용수 등 여러 기능을 갖춘 소양강댐(1973년 완공)이 있다. 국제적으로 댐 높이가 15m 이상이면 대댐으로 분류된다. 우리나라는 대댐이 이미 1,300개 이상으로 세계 7위의 댐 개발 국가이다. 국가물관리위원회의 자료(2020)에 의하면 우리나라는 이미 17,000여 개의 크고 작은 댐과 저수지가 있고 그 저수 용량도 총 213억톤에 이른다.

우리나라의 연평균 강수량(기후평년값 1991~2020)은 약 1306.3mm로 전 세계 평균인 807mm에 비교해 보아도 적은 편은 아니다. 하지만 여름 장마철 강수량이 710.9mm로 연강수량의 54%에 이를 정도로 특정 시기에 집중되어 있다. 이러한 강우 특성 때문에 하천의 유지유량관리와 수자원의 효과적인 이용을 위하여 지금까지 댐 건설이 수자원 관리 정책의 우위를 차지해 왔다.

하지만 댐 건설은 하천의 자연적인 물의 흐름을 중단시키고, 하천 상류지역을 수몰시켜 인공적으로 호수, 즉 댐을 만든다. 물론 댐은 홍수를 방지하고 수자원을 확보할 수 있다. 하지만 댐 건설의 사회적 비용도 적지 않다. 생태계 파괴와 수질오염과 같은 환경문제를 초래하고, 수몰지역 보상과 이주문제, 주민의 찬반 대립 등 사회, 경제적 부담을 준다.

1990년 이후 "한국은 UN이 분류한 물부족국가"라는 패러다임이 지배하여 물 절약 운동과 댐 건설의 정당성을 부여하였다. 하지만 제14회 세계 물의 날(2006년) 행사에서 관련 전문가, 환경시민단체는 물부족

국가론이 근거가 없다고 밝혀냈다. 물부족론의 시초는 미국의 연구단체인 워싱턴 국제인구행동연구소(PAI)가 국토면적, 인구밀도, 강우량만 반영하여 한국을 만성적 물부족국가로 분류한 것이다. 이는 기술개발, 상수도 공급 현황 등 여타 조건이 배제된 단순한 '물 밀도 지표'에 불과하여 정확한 물이용 현황을 설명하지 못한다. 그럼에도 불구하고 물자원은 자연순환자원의 일종이기는 하나 남용하면 기상조건에 따라 바로 한계를 보이는 자연자원이다. 2019년 유엔의 "세계 물개발 보고서"에서 공개된 '국가별 물스트레스 수준' 지도를 보면 우리나라는 최악의 물기근국은 아니지만 물스트레스 지수가 25~70% 수준인 물스트레스국으로 분류되어 있다. 우리나라는 사막국가들과 같이 일상적으로 극심한 물부족 국가는 아니지만 때때로 봄철 극심한 가뭄으로 댐 저수율이 낮아져 농업용수, 상수도의 공급이 제한(제한급수)되기도 한다. 따라서 기후위기 시대의 물관리 정책은 생태 자연 환경을 고려하여 지속가능성의 관점으로 이뤄져야 한다.

댐 건설에는 지역의 사회문화적 조건, 생태환경, 비용과 효과, 수질 악화, 지속가능성이 중요하다. 그리고 이러한 기준은 댐 건설사업의 타당성에 영향을 미친다. 그 중 하나가 금강산댐의 수공위협 대책으로 건설된 평화의 댐(1989년 준공) 사례이다. 당초 대국민 모금까지 하면서 국가주도로 건설되었지만 규모와 붕괴영향이 과대하게 평가되어 잘못된 정책 결정 사례로 남았다. 결국 댐 건설 목적과 위치, 규모 평가 분석에서 타당성을 결여한 채 추진되었다. 하지만 이미 건설된 댐은 원래의 목적을 상실하였기 때문에 다른 댐의 용도를 물색하고 있다.

또한 댐 건설로 인한 지역사회의 변화와 주민 갈등이 논의된 한탄강댐 갈등조정 사례도 있다. 당시 대통령자문 지속가능발전위원회에서는 철원과 연천의 상하류 지역주민, 환경단체, 건설당국자로 구성된 이해관계자들을 참여시켜 갈등조정을 시도하였다. 이미 건설 중이었던 임진강 상류 DMZ 부근의 군남댐과 함께 임진강의 가장 큰 지류인 한탄강에 설치될 계획인 홍수방지전용댐의 효용성, 댐건설 이외의 다른 대안(천변저류지 설치, 제방높이 보강 등)에 대한 적합성, 상하류 지역주민의 수용성 등이 논의되었다. 갈등조정위원회를 통하여 자율적인 갈등조정과 중재에 나섰으나, 결국 이해관계자 전체의 합의에 이르지는 못하였고, 이후 이관된 국무조정실의 조정결정으로 홍수조절용댐 건설이 결정되었다. 평상시에는 댐 하부 수문을 통하여 강물을 흐르게 하고 홍수 시에만 수문을 닫아 댐에 저류시키는 방식이었다. 하지만 최근 몇 년간 댐 운영 실적을 보면 연간 댐 운용 실적이 십여 일에 불과한 실정이다. 이와 같이 일단 건설된 댐은 다시 원상복귀가 어렵고 영향을 미치는 지역이 넓기 때문에 댐건설관련 갈등은 댐건설 과정에서 여러 단계에서 문제가 된다. 정확한 비용편익분석도 없이 댐이 건설되는 경우도 있으며, 일례로 영주댐(2023년 준공)은 사후 비용편익분석 결과 0.036에 불과한 경우도 있다.

제1차국가물관리기본계획(2021 - 2030)의 하위계획에는 다수의 댐 신규 건설 계획이 포함되어 있다. 게다가 제11차전력수급기본계획(2024)(이하 전기본)에도 영양, 봉화, 곡성, 금산 등 4개 지역의 양수발전용 댐 건설계획이 포함되어 총 9개의 양수발전용 댐이 추진되고 있다. 그러나 여러 지역에서 댐 건설의 문제점을 지적하고 있다.

양수발전은 상부댐과 하부댐으로 이루어져 있고, 전력수요가 낮은 비수기(심야전기)에 하부댐의 물을 상부댐으로 양수하여 저장한 후 필요한 시기(시간대)에 물을 흘려 발전을 하는 시스템이다. 녹색연합(2008)의 조사보고서에 의하면 양수발전은 연간 운용실적이 연평균 15일에 불과해 실효성이 낮았다. 하지만 RE100 대응책으로 재생에너지 확보가 시급한 한국수력원자력은 신재생에너지라는 상징성과 전력 수요가 제일 높은 여름, 대낮 시간에 대체가능한 긴급전원이라는 명목으로 제11차전력수급기본계획에 양수발전을 포함시켰다. 이와 같이 댐이 수자원 관리 이외에 에너지 대책으로 자리매김되어 댐 신규 건설을 위한 명분이 되었다.

위에서도 언급한 바와 같이 한국은 세계 7위의 댐 개발국가이다. 수자원 이용 측면에서도 이미 댐은 포화상태이다. 그럼에도 불구하고 환경부(정부)는 댐을 '기후위기 대응(mitigation)'이라는 이름으로 소규모 지천에 마저 중소규모 댐을 더 건설하겠다는 입장이다. 그러나 수자원 확보의 측면에서도 신규 댐건설과 같은 기존의 개발방식 외에 발전배수를 산업용수 등 새로운 수자원 공급원으로 전환하는 등 대규모 토목사업 없이도 가능한 대안이 제시될 수 있다. 일례로 최근 재가동 움직임이 있는 강릉수력(1991년 완공, 2001년 가동중지)의 경우에도 도암댐의 발전배수를 건천화가 진행중인 남대천의 하천유지용수와 산업용수 개발용으로 사용할 계획도 있는 것으로 알려졌다. 이에 따르면 국내 최초의 유역변경식 수력발전소인 강릉수력은 최근 일상적인 물부족 현상을 겪고 있는 강원도 영동지역에 신규 수자원 역할을 할 수 있다.

수자원장기종합계획이 2020년 중지된 후 제1차국가물관리기본계획(2021－2030)으로 변경되었는데 법에 규정된 전략환경영향평가도 없이 추가로 댐을 건설하는 것은 문제가 있다. 또한 국가물관리기본계획의 예측 범위를 벗어나 기존 수자원의 효율적인 사용과 같은 여타의 대안 검토도 없이 우선적으로 기존 논리에 따라 댐건설로 방향을 잡는 것은 법적, 절차적으로 큰 문제가 있다.

상수원보호구역 지역주민의 개발 피해, 이전, 갈등, 소외, 물이용부담금의 합리성의 문제 등 하천과 댐정책 이슈도 여전히 과제로 남아있다. 따라서 기후 변화와 관련된 댐 정책의 타당성과 적시성, 주민 수용성에 대한 보다 깊이 있는 논의가 필요하다. 종래의 댐 정책이 지속가능한 수자원정책의 필수요건인지도 재검토되어야 한다.

최근 ESG(Environment, Social, Governance)의 관점에서 그린워싱(Green Washing) 문제가 심각하게 대두되고 있다. 그린 워싱이란 그린피스 등 환경단체에 의하면 "환경과 관련된 기업의 실천, 또는 제품이나 서비스의 환경적 이점에 관하여 소비자를 오도하는 행위"로 정의된다. '기후위기 대응댐' 정책도 표면적으로는 기후위기에 대응하기 위한 친환경 정책인 것처럼 허위로 포장하여 발표하였지만 실제로는 그린워싱 조차도 되지 못하는 종래의 개발중심 정책이다. 기후위기에 대응하는 물관리 대책을 위해서는 기존의 댐 우선 정책을 재검토하고 강, 지하수, 유역관리 등 수자원 관리체계를 통합해야 한다. 댐정책을 비롯한 기후위기시대의 물관리정책은 국가지속가능발전목표(SDGs) 17개 중 관련 항목인 '6건강하고 안전한 물관리'와 '13기후변화와 대응' 그리고 '15육상생태계 보전' 목표에 부합하는 방식으로 추진해야 한다.

해안도시 기반 시설 관리

홍창유_국립부경대학교 교수

급속한 도시화와 증가하는 환경 문제의 시대에, 도시 기반 시설을 형성하는 환경 정책의 역할이 그 어느 때보다 중요해졌다. 이는 특히 기후 변화, 해수면 상승, 지속 가능한 개발의 필요성과 관련된 고유한 과제에 직면한 해안 도시들에 해당된다. 미래를 바라볼 때, 환경 정책이 기차, 공항, 항구를 포함한 주요 도시 기반 시설 요소들의 개발을 이끄는 데 중추적인 역할을 할 것이라는 점은 분명하다. 본 글에서는 이러한 중요한 도시 해안 기반 시설 구성 요소들에 대한 환경 정책의 다면적 영향을 탐구하며, 이것이 어떻게 혁신을 촉진하고, 회복력을 강화하며, 지속 가능성을 증진시키는지 검토하는 기회를 공유하고자 한다.

지속 가능한 기반 시설을 위한 기술 혁신 추진

환경 정책은 연안도시 기반 시설의 다양한 부문에서 기술 발전의 강력한 촉매 역할을 한다. 정책적 기반을 두고, 사회전반적인 공감대를 형성할 수 있는 야심찬 목표를 설정하고 규제 프레임워크를 만듦으로써, 이러한 정책들은 도시 교통 및 물류 허브의 환경 발자국(Eco-Footprint)을 크게 줄일 수 있는 더 깨끗하고 효율적인 기술의 개발과 채택을 장려한다.

철도 교통 분야에서 환경 정책은 디젤 기관차에서 더 지속 가능한 대안으로의 전환을 추진하고 있다. 재생 에너지원으로 구동되는 전기 기차가 도시 내부 및 도시 간 철도망에서 점점 더 일반화되고 있다. 더욱이 수소 동력 기차의 개발은 전기화가 불가능할 수 있는 노선에 대한 유망한 해결책을 제공한다. 이러한 혁신은 온실가스 배출을 줄일 뿐만 아니라 도시 지역의 대기질을 개선하여 더 나은 도시 공중 보건 결과에 기여한다.

도시 대기 오염과 탄소 배출의 주요 원인으로 여겨지는 공항들은 환경 정책에 의해 주도되는 중요한 변화를 겪고 있다. 항공부문은 전통적인 제트 연료에 비해 탄소 배출을 최대 80%까지 줄일 수 있는 지속 가능한 항공 연료(SAF) 인프라에 투자하도록 독려받고 있다. 또한, 정책들은 단거리 비행을 위한 전기 및 수소 동력 항공기의 개발을 장려하고 있어, 잠재적으로 이 산업의 환경적 영향을 혁명적으로 개선시킬 수 있다.

글로벌 공급망의 중요한 노드인 해상 항구들도 환경 정책에 의해 주도되는 혁신의 물결을 경험하고 있다. 콜드 아이로닝(Cold-Ironing)이라고도 알려진 육상 전력 공급 시스템의 구현은 정박한 선박이 지역 전력망에 연결할 수 있게 하여 공회전 엔진에서 발생하는 배출을 크게 줄인다. 또한, 정책들은 전기 및 수소 동력 화물 처리 장비의 채택을 촉진하고 있는데, 이는 온실가스 배출을 줄일 뿐만 아니라 항구 지역의 지역 대기질을 개선한다.

기후 회복력 및 적응력 강화

해안 도시들이 기후 변화의 영향에 대처함에 따라, 환경 정책은 도시 기반 시설이 미래의 도전에 대해 회복력 있고 적응 가능하도록 보장하는 데 중요한 역할을 하고 있다. 해안 도시의 환경 정책은 해안 기반 시설에 대한 고도화된 홍수 방지 조치의 실행을 의무화하고 있다. 여기에는 보호 장벽의 건설, 중요 시설의 입지 재배치, 정교한 배수 시스템의 개발이 포함된다. 예를 들어, 취약한 해안 지역의 공항과 항구는 집중 강우 사건과 잠재적인 해수면 상승을 처리할 수 있는 종합적인 홍수 방지 시스템을 구현해야 한다.

극단적인 기상 현상의 빈도와 강도 증가는 연안 도시 기반 시설에 상당한 위험을 제기한다. 도시 환경 정책은 기차, 공항, 항구에 대한 포괄적인 재난 대비 계획의 개발을 추진하고 있다. 이러한 계획에는 극단적인 기상 현상으로부터의 신속한 복구 전략이 포함되어 있어, 운영 중단을 최소화하고 도시 교통망과 해상 글로벌 공급망의 회복력을 유지한다.

자연 기반 솔루션의 통합

현대 환경 정책의 가장 혁신적인 측면 중 하나는 해안 도시 기반 시설 계획에서 자연 기반 솔루션의 촉진이다. 이 접근 방식은 필수적인 서비스를 제공하고 해안 도시 회복력을 강화하는 데 있어 자연 생태계의 가치를 인식한다.

최근 해안 도시의 자연정책들은 도시 기반 시설 내부와 주변에 녹지 공간을 통합하도록 장려하고 있다. 기차역, 공항, 항구의 경우, 이는 녹색 지붕, 생태 벽, 도시 숲의 조성을 포함할 수 있다. 이러한 특징들은 연안지역 내 생물다양성을 향상시킬 뿐만 아니라 자연적인 냉각 효과를 제공하여 도시 열섬 효과를 줄이고 잠재적으로 에너지 소비 시설과 관련된 운영 비용을 낮추는 것을 지향한다.

해안 지역에서 환경 정책은 맹그로브, 염생 습지, 습지와 같은 자연 생태계의 복원과 보호에 대한 투자를 추진하고 있다. 이러한 자연 장벽은 폭풍 해일과 해수면 상승에 대한 중요한 보전 솔루션을 제공하는 동시에 탄소를 격리하고 해양 생물다양성을 보장한다. 이러한 자연 기반 솔루션을 도시 기반 시설 계획에 통합함으로써, 해안 도시들은 회복력을 강화하는 동시에 전 세계 생물다양성 보존 노력에 기여할 수 있다.

강력한 규제 체계 수립

환경 정책은 국가 및 국제 수준에서 도시 인프라의 환경 성과를 관리하는 포괄적인 규제 체계를 수립하고 있다. 엄격한 환경 규제는 기차, 공항, 항구에 대한 강도 높은 배출 모니터링 및 평가 시스템을 의무화하기도 한다. 이러한 시스템은 환경 영향을 평가하고 향후 정책 결정에 정보를 제공하는 데 귀중한 데이터를 제공하게 된다. 예를 들어, 국제해사기구(IMO)의 선박 연료유류 소비에 대한 데이터 수집 시스템은 해양 부문의 탄소배출량을 추적하고 줄이기 위한 글로벌 이니셔티브를 보여준다.

이런 트렌드 속에서, 환경 정책은 국가 표준을 국제 모범 사례와 일치시키는 것을 촉진하고 있다. 이러한 표준 중심의 일치는 환경 문제 해결을 위한 글로벌 협력을 촉진하고 전 세계 인프라 운영자들에게 공정한 경쟁의 장을 보장하게 된다. 지역적으로 중요한 국제 교통 허브가 있는 해안 도시의 경우, 이러한 글로벌 표준 준수는 경쟁력을 유지하면서 글로벌 환경 목표에 기여하는 데 중요한 역할을 한다.

지속 가능한 개발을 위한 경제적 인센티브 활용

환경 정책은 단순히 규제와 제한에 관한 것이 아니다. 지속 가능한 인프라 개발을 위한 새로운 자금 출처를 창출하고 경제적 인센티브를 만들기도 한다(Bienlenberg et al., 2016). 이러한 정책은 특정 환경 기준을 충족하는 프로젝트에 대해 녹색 채권 및 기타 지속 가능한 금융 상품의 발행을 장려하고 있다. 이 접근 방식을 통해 도시당국과 해양 인프라 운영자는 지속 가능성 기능을 포함하는 프로젝트에 특별히 자본 측면에서 기여할 수 있다. 예를 들어, 공항과 항구는 지속 가능성 기능을 포함하는 확장 프로젝트에 자금을 조달하기 위해 녹색 채권을 점점 더 많이 활용하는 경향을 보인다(Merk et al., 2012).

또한, 환경 정책은 인프라 운영자들이 탄소 발자국을 줄이도록 장려하는 탄소 가격 책정 메커니즘 및 기타 시장 기반 도구를 도입하고 있다. 이러한 메커니즘은 저탄소 기술과 제도적 규범의 채택을 장려하면서 추가적인 환경 이니셔티브를 위한 자금을 창출할 수 있다. 인프라 운영의 환경 비용을 내재화함으로써 이러한 정책은 지속 가능한 개발에 대한 강력한 경제적 근거를 만든다.

해안 도시 인프라의 지속 가능한 미래

미래를 바라볼 때, 환경 정책이 해안 도시의 도시 인프라 개발을 형성하는 데 계속해서 원동력이 될 것이라는 점은 분명하다. 기술 혁신, 기후 적응, 자연 기반 솔루션, 강력한 규제 체계, 경제적 인센티브를 통해 이러한 정책은 도시 지역의 성장이 글로벌 환경 목표와 일치하도록 보장하고 있다.

21세기 해안 도시가 직면한 과제는 상당하지만, 더욱 지속 가능하고 탄력적이며 살기 좋은 도시 정주 환경을 만들 기회도 마찬가지로 확대된다. 혁신적인 환경 정책을 수용하고 도시 인프라 계획 및 관리의 모든 측면에 통합함으로써 해안 도시는 도시 개발과 해양 환경 보호가 어떻게 함께 갈 수 있는지 보여주는 데 리드할 수 있다.

기후 변화, 인구 구조 변화, 기술 발전의 복잡성을 계속 헤쳐 나가면서 도시 인프라의 미래를 이끄는 데 있어 환경 정책의 역할은 더욱 중요해질 것이다. 이러한 정책을 통해 우리는 경제 활동과 문화적 활력의 중심지일 뿐만 아니라 환경 지속 가능성과 회복력의 보루인 해안 도시를 만들 수 있기를 희망할 수 있다.

해안 도시의 미래는 자연 환경과 조화를 이루며 적응하고 혁신하며 번영할 수 있는 능력에 달려 있다. 융합적인 해안 관리 시스템을 형성하고 혁신을 주도하며 도시 개발의 새로운 패러다임을 만들어내는 힘을 가진 환경 정책은 이 지속 가능한 미래를 열어갈 열쇠가 될 것이다. 앞으로 나아가면서 정책 입안자, 도시 계획자, 시민들이 환경 정책의 변혁적 잠재력을 인식하고 21세기와 그 이후의 도전과 기회에 진정으로 적합한 도시 인프라를 만들기 위해 함께 노력하는 것이 중요하다.

QR코드를 스캔하시면 참고문헌을 확인할 수 있습니다.

학회소개

학회명 : (사)한국환경정책학회
설립시기 : 1993년 6월 18일
사단법인 허가 주무부처 및 허가 번호 : 환경부 / 제61호
창립취지   ▌학회지 1권 1호의 창립취지 발췌▐

환경문제가 문명사회의 관심사가 된 지도 어언 반세기가 되어가고 우리나라에서 이 문제가 본격적으로 논의되기 시작한 지도 20여 년을 넘고 있지만 환경문제는 날로 악화되고 보다 광역화되고 있는 실정입니다. 더욱이 환경문제는 지속 가능한 개발(ESSD)을 주창한 작년의 리우 환경선언이 상징하는 바와 같이 이제 어떤 지역이나 국가에 국한된 문제가 아니고 우리 인류전체의 생존이 달린 문제가 되어 가고 있습니다.

환경문제는 우리나라의 입장에서도 숱한 문제와 과제를 안고 있습니다. 현행 우리나라의 환경정책은 성장 위주의 개발정책에 밀려 소기의 효과를 달성하지 못하고 있다는 지적을 받고 있습니다. 또 문민시대의 도래와 지방자치의 활성화라는 분권화되고 민주화된 사회에 걸맞은 환경관리능력을 배양해야 하는 시대적 요청에 당면하고 있습니다. 뿐만 아니라 지구환경문제에 대한 국제적 관심과 우려에 능동적으로 대응하고 또 주변 국가의 급격한 공업화에 따른 환경오염 문제를 합리적으로 대비해야 하는 과제도 있습니다. 이러한 중대한 환경문제의 도전에 대해 우리는 학문적인 연구나 경험의 축적과 정보와 의견의 교류에 소홀하였던 느낌을 지울 수가 없습니다.

환경관리행정에 대한 연구는 다른 학문분야의 연구와 구별되는 몇 가지 특징이 있다고 봅니다. 우선 환경관리행정에 대한 연구는 학제적 연구를 요구하고 정부조직의 횡적·종적인 갈등을 필연적으로 내포하고 있으며, 현세대의 이익을 옹호하면서도 미래세대를 그 주요 수혜자로 한다는 특징과 전문적인 과학기술에 대한 검토와 이해를 필요로 하면서도 고도로 정치성을 내포하고 있습니다. 그리고 공간적으로도 지역환경관리라는 미시적인 측면과 범지구적 환경에 대한 관리라는 국제성을 동시에 지니고 있습니다. 이러한 특징을 지니는 환경관리행정에 대한 연구는 기존의 학문체계나 연구방법으로는 효과적으로 수행할 수 없다고 생각되며 새로운 패러다임의 정립이 시급히 필요하다고 봅니다. 그러므로 종래의 환경문제에 대한 연구를 혁신적으로 통합하여 새로운 비변을 제시하기 위해 한국환경정책학회를 창립하게 되었습니다.

설립목적

본회는 환경정책 및 환경관리체제의 개발과 관계되는 제반문제의 조사연구를 통하여 환경정책과 행정의 학문적 발전에 기여하고 회원의 지위향상 및 친목을 도모함으로써 국민복지증진에 공헌함을 목적으로 한다.

학회 주요 활동

- 환경정책 및 환경관리에 관한 제반문제의 조사 연구 및 발표
- 각국의 환경정책과 행정에 관한 비교 연구 및 연구자료의 소개 및 국제적 학술 교류
- 연 4회 학술지(환경정책) 발간
- 학회목적과 부합하는 각종 세미나 개최

학회지

- 학회지명 :『환경정책』
- ISSN : 1598-835X(2007년 등재)
- 2016년 한국환경연구원과 통합학회지 공동발간

학회 마크

- 주변을 싸고 있는 원은 특속성, 영원성, 영역성, 단일, 지합, 보전, 태양, 지역 등을 상징
- 원 내부의 삼각형은 삼위일체, 산, 나무, 인간의 머리부분 등을 상징
- M자 형태의 두 줄은 변화성, 강, 계곡, 인간의 몸통과 팔부위 등을 상징
- 전체로서 학회마크가 상징하는 것은
  · 지구 속에서 인간과 환경의 공존을 상징
  · 산, 강, 계곡, 나무로 상징되는 지구환경의 영원한 보전
  · 현재와 미래, 다양성, 독자성, 개발과 보전이 하나로 통합된 삼위일체의 실현
  · 환경정책 및 환경관리분야의 전문가 모임

더 알고 싶은 환경지식

초판발행   2025년 6월 15일

지은이   변병설 외 36인
엮은이   (사)한국환경정책학회
펴낸이   안종만·안상준

편 집   전채린
기획/마케팅   김민규
표지디자인   권아린
제 작   고철민·김원표

펴낸곳   (주)박영사
              서울특별시 금천구 가산디지털2로 53, 210호(가산동, 한라시그마밸리)
              등록 1959. 3. 11. 제300-1959-1호(倫)

전 화   02)733-6771
f a x   02)736-4818
e-mail   pys@pybook.co.kr
homepage   www.pybook.co.kr
ISBN   979-11-303-2291-9   93530

정 가   20,000원